数据库管理与应用
（MySQL）

刘　文　王彤宇　主　编

牛曼冰　高　芹　副主编

U0386823

清华大学出版社

北京

内 容 简 介

本书以培养读者职业技能为目标,从实际案例出发,以 MySQL 数据库为依托,深入浅出地讲解了数据库的原理及 MySQL 数据库的应用,较全面地介绍了数据库的基础知识及其应用。

全书共 9 章,包括数据库基本认知、数据库设计、MySQL 数据库和表、数据操作、数据查询、数据视图、索引、数据库编程和数据安全。全书以网络点餐系统作为案例贯穿始终,由浅入深、逐层深入,应用性强。每章配有本章小结、本章实训和本章练习,通过理论知识练习和实战项目演练强化训练来帮助读者巩固所学的内容。

本书附有源程序代码、习题答案、教学课件等教学资源,能够更好地帮助读者学习本书中的内容。

本书可以作为高职高专计算机相关专业和非计算机专业数据库基础与数据库开发课程的教材,也可以作为计算机软件开发人员、从事数据库管理与维护工作的专业人员和广大计算机爱好者的自学用书,还可以作为"1+X"Web 前端开发、Java Web 应用开发等职业技能等级证书的考试参考书。

图书在版编目(CIP)数据

数据库管理与应用:MySQL/刘文,王彤宇主编. —北京:清华大学出版社,2022.9(2024.8重印)
ISBN 978-7-302-61157-8

Ⅰ.①数… Ⅱ.①刘… ②王… Ⅲ.①SQL 语言－数据库管理系统 Ⅳ.①TP311.132.3

中国版本图书馆 CIP 数据核字(2022)第 110442 号

责任编辑:田在儒
封面设计:刘 键
责任校对:刘 静
责任印制:曹婉颖

出版发行:清华大学出版社
　　　　网　　址:https://www.tup.com.cn,https://www.wqxuetang.com
　　　　地　　址:北京清华大学学研大厦 A 座　　　　　　　邮　　编:100084
　　　　社 总 机:010-83470000　　　　　　　　　　　　　　邮　　购:010-62786544
　　　　投稿与读者服务:010-62776969,c-service@tup.tsinghua.edu.cn
　　　　质量反馈:010-62772015,zhiliang@tup.tsinghua.edu.cn
　　　　课件下载:https://www.tup.com.cn,010-83470410
印 装 者:三河市铭诚印务有限公司
经　　销:全国新华书店
开　　本:185mm×260mm　　　　印　　张:13.25　　　　字　　数:315 千字
版　　次:2022 年 9 月第 1 版　　　　　　　　　　　　　　印　　次:2024 年 8 月第 3 次印刷
定　　价:49.00 元

产品编号:095535-01

前　言

数据库技术是计算机相关专业重要的专业基础课程之一,是现代信息科学与技术的重要组成部分,是计算机数据处理与信息处理的核心技术。MySQL 因其具有开源、开放、易用的特点被称为"最受欢迎的开源数据库"之一,成为中小企业应用数据库的首选。为适应企业发展需要,结合高职院校学生的能力水平和学习特点,本书内容以 MySQL 数据库管理系统为平台,依照"实用为主,必需和够用为度"的原则编写。

本书共分为 9 章,第 1、第 2 章主要介绍数据库的基础知识、数据库设计的过程、数据库设计的规范化理论、MySQL 的安装配置与使用等。通过这两章的学习,初学者能够对简单的数据库进行设计,为今后的项目开发打下良好的基础。第 3~7 章讲解 MySQL 数据库的常见操作,包括数据库和数据表的增、删、改、查操作,视图、索引的操作。这些操作都是通过 SQL 语句实现的,初学者应多动手书写 SQL 语句,熟练掌握数据的增、删、改、查操作。第 8、第 9 章讲解数据库中存储过程、存储函数、触发器以及数据安全,这些内容可以对 MySQL 数据库进行性能优化,希望初学者可以循序渐进掌握 MySQL 中的各项技术。

本书以网络点餐系统(weborder)的应用为背景,结合目前市场流行的MySQL 数据库进行构思、设计、实施和运行,以一个完整的数据库项目为主线贯穿始终,由浅入深、逐层深入,应用性强。每章均配有本章小结、本章实训和本章练习,使读者学以致用,达到融设计、实施、开发、运行、管理与维护数据库于一体的学习效果,从而实现技能型、应用型、面向社会需求的数据库人才培养目标。

另外,本书涵盖了全国计算机等级考试二级"MySQL 数据库程序设计"和"1+X"Web 前端开发、Java Web 应用开发等职业技能等级证书中有关数据库技术的内容,便于读者在掌握数据库技术的同时,取得国家相应的认证证书。

本书作为教材使用时,参考学时为 50~64 学时,建议采用理论、实践一体化教学模式。

为方便读者自学,本书附有配套视频、习题、教学课件等资源,能够更好地帮助读者学习本书中的内容。

本书由济南职业学院一线教师和东软集团股份有限公司一线技术人员共同组成编写团队,第 1、第 2 章由王彤宇编写,第 3、第 4 章由刘文、李爽编写,第 5 章由牛曼冰编写,第 6、第 7 章由高芹编写,第 8 章由张玉叶、张莹编写,第 9 章由蔡琼、张倩编写。全书由刘文负责统稿,许文宪审稿。

在本书的编写过程中,我们参阅了大量的资料,在此对所有的编者表示衷心的感谢。由于编者时间仓促,水平有限,书中不足之处敬请批评、指正。

编　者

2022 年 6 月

教学资源

目　录

第 1 章　数据库基本认知

学习目标
- 了解数据库的基本知识。
- 了解结构化查询语言的特点。
- 掌握 MySQL 数据表数据库的安装与配置方法。
- 能够使用多种方式连接启动和运行 MySQL 服务器。

当前人类社会正处于信息时代,数据以惊人的速度增长,如何对其进行有效的管理和利用是人类社会面临的重大课题。数据库技术正是为了适应信息社会的需要而发展起来的一门综合性数据管理技术。为了更好地掌握数据库技术,需要知道数据库是如何存储的、数据库要遵守什么规则、数据库技术都经历了哪些阶段、数据库管理系统会提供哪些功能,以及当前流行的数据库有哪些等。要了解这些内容,首先要认识数据库。

1.1　数据库概述

无论是传统的软件,还是互联网网站,或者是移动端的应用,都要处理数据。数据库技术研究如何有效地管理和存取大量的数据资源。随着计算机技术的不断发展,数据库技术已成为计算机科学的重要分支。今天,数据库技术不仅应用于事务处理,还进一步应用于情报检索、人工智能、专家系统、计算机辅助设计等领域。数据库的建设规模、数据库信息量的规模及使用频率已成为衡量一个企业、一个组织乃至一个国家信息化程度高低的重要标志。

在大数据时代,数据库技术与人们的生活息息相关。下面以小张同学开学第一天的学习生活为例来说明这样一个时代背景。早上起床,小张想知道今天要上哪些课程,所以他登录了学校的"教务管理系统",在"选课数据库"中查询到他今天的上课信息,包括课程名称、上课时间、上课地点、授课教师等;接着,小张走进食堂买早餐,当他刷餐卡时,学校的"就餐管理系统"根据他的卡号在"餐卡数据库"里读取"卡内金额",并将"消费金额"等信息写入数据库;课后,小张去图书馆借书,首先他登录"图书管理系统",通过"图书数据库"查询书籍信息选择要借阅的书籍,然后当他办理借阅手续时,该系统将小张的借阅信息(包括借书证号、姓名、图书编号、借阅日期等)写入数据库;晚上,小张去超市购物,"超市结算系统"根据条码到"商品数据库"中查询物品名称、单价等信息并计算结算金额、找零等数据。由此可见,数据库技术的应用已经深入人们生活的方方面面。研究如何科学地管理数据来为人们提供可共享的、安全的、可靠的数据显得非常重要。

1.1.1 数据与数据处理

1. 数据

数据是人们反映客观世界而记录下来的可以鉴别的物理符号。今天，数据的概念不再仅局限于狭义的数值数据，还包括文字、声音、图形等一切能被计算机接收且处理的符号。

2. 数据处理

数据是重要的资源，人们对收集的大量数据进行加工、整理、转换，可以从中获取有价值的信息。数据处理正是将数据转换成信息的过程，是对各种形式的数据进行收集、存储、加工和传播的一系列活动的总和。

3. 数据管理

数据处理的中心问题是数据管理。数据管理是对数据进行分类、组织、编码、存储、检索与维护的操作。

4. 数据处理技术

数据处理技术研究如何科学地组织和存储数据，如何高效地获取和处理数据。数据库技术是数据处理的核心技术，它是计算机辅助管理数据的方法，是通过研究数据库的结构、存储、设计、管理以及应用的基本理论和实现方法，并利用这些理论来实现对数据库中的数据进行处理、分析和理解的技术。

1.1.2 数据库技术的发展

自从 1946 年第一台电子计算机 ENIAC 诞生以来，计算机的应用范围就迅速扩展。从最初单纯的科学计算到复杂的事务处理再到决策支持甚至人工智能，在这个过程中，计算机所处理的数据呈几何级急剧增长，数据间关系的复杂性也随之增加。

为了人们能方便而充分地利用这些宝贵的信息资源，经过不断的发展，逐渐形成了数据库技术。数据库于 20 世纪 60 年代末产生，几十年来，不断得到迅速的发展，几乎已经渗透到计算机应用的每一个领域。

当我们回顾数据库的发展历史，会由衷地感谢那些本领域的前辈们所做出的重大贡献，而其中的三件大事更被看成数据库技术基本形成的标志。它们是：1968 年 IBM 公司推出的信息管理系统 IMS（Information Management System）；1969 年美国 CODASYL 的数据库任务组（DBTG）提出网状数据库模型的数据库规范，并于其后公布了《DBTG 报告》；1970 年 IBM 公司的高级研究员 E.F.Codd 发表论文《大型共享数据库数据的关系模型》，奠定了关系数据库的基础理论。

数据库技术的发展大致经过三个阶段：人工管理阶段、文件系统阶段和数据库系统阶段。

1. 人工管理阶段

人工管理阶段（20 世纪 50 年代以前）计算机应用的前景是：计算机主要用于科学计算，从硬件上看，外存只有磁带、卡片、纸带，没有磁盘等直接存取的存储设备；从软件上看，没有操作系统，没有管理数据的软件，数据处理的方式是批处理。

这一阶段的数据管理具有以下几个特点。

（1）数据不保存。因为计算机主要应用于科学计算，一般不需要将数据长期保存。只是在计算某一课题时将数据输入，用完就撤走，不仅对用户数据这样处理，有时对系统软件也是如此。

（2）没有专用的软件对数据进行管理。程序员不仅要规定数据的逻辑结构，而且要在程序中设计物理结构。

（3）只有程序（Program）的概念，没有文件（File）的概念。数据的组织方式必须由程序员自行设计。

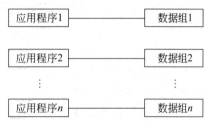

（4）一组数据对应一个程序，数据是面向应用的。即使两个应用程序涉及某些相同的数据，也必须各自定义，无法互相利用、互相参照。所以程序和程序之间有大量重复的数据。

图 1-1 人工管理阶段数据管理的特点

这个时期程序与数据的关系如图 1-1 所示。

2. 文件系统阶段

文件系统阶段（20 世纪 50 年代后期到 60 年代中期）计算机不仅用于科学计算，还大量用于管理。外存储器有了磁盘、磁鼓等直接存取的存储设备。在软件方面，操作系统中已经有了专门的管理数据软件，一般称为文件系统（有时称为"信息处理模块"）。从处理方式角度讲，不仅有了文件批处理，而且能够联机实时处理。

这一阶段的数据管理形成了以下几个特点。

（1）计算机大量用于数据处理。数据需要长期保留在外存上反复处理，即经常需要对文件进行查询、修改、插入和删除等操作。

（2）用软件进行数据管理。程序和数据之间有软件提供存取方法进行转换，有共同的数据查询、修改的管理模块。

（3）文件组织已多样化。有索引文件、链接文件和直接存取文件等。文件之间是独立的，联系要通过程序去构造。

（4）数据不再属于某个特定的程序，可以重复使用。但程序仍然基于特定的物理结构和存取方法，因此数据结构与程序之间的依赖关系并未根本改变。

上述特点比人工管理阶段有了很大的改进，但随着数据量的急剧增加，数据管理规模的扩大，文件系统显露出以下三个缺点。

（1）数据冗余度（Redundancy）大。

（2）数据不一致性。

（3）数据和程序缺乏独立性。

文件系统中的文件，是为某一特定应用服务的，因此，要想对现有的数据再增加一些新

3

的应用是很困难的。一旦数据的逻辑结构改变，就必须修改应用程序，修改文件结构的定义。而应用程序的改变，如应用程序所使用的高级语言的变化等，也将影响文件的数据结构的改变。这个时期的数据和程序缺乏独立性，其相互关系如图 1-2 所示。

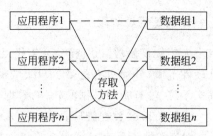

图 1-2　文件系统阶段数据管理的特点

3. 数据库系统阶段

数据库系统阶段（20 世纪 60 年代后期开始）计算机应用越来越广泛，数据量急剧增长，而且数据的共享要求越来越高。这时，有大容量的磁盘，联机实时处理需求更多了，并开始提出和考虑分布处理。另外，软件价格开始上升，硬件价格下降，使编制和维护系统软件及应用程序所需的成本相对增加。在这种情况下，为了解决多用户、多应用共享数据的需求，使数据为尽可能多的应用服务，出现了数据库这样的数据管理技术。这一阶段的数据管理呈现以下特点。

（1）有复杂的数据模型（结构）。数据模型描述数据本身的特点和数据之间的联系，这种联系通过存取路径实现。

（2）有较高的数据独立性。数据的物理结构与逻辑结构间差别可以很大。用户以简单的逻辑结构操作数据而无须考虑数据的物理结构。数据库的结构分成用户的逻辑结构（外模式）、逻辑结构、物理结构（内模式）三级。

（3）提供方便的用户接口。数据库系统为用户提供了方便的用户接口，用户可使用查询语言或简单的终端命令操作数据库，也可以用程序方式操作数据库。

（4）提供数据控制功能。数据库管理系统提供以下四方面的数据控制功能。

① 数据完整性。保证数据库始终包含正确的数据，用户可以设计一些完整性规则以确保数据值的正确性。

② 数据安全性。保证数据的安全和机密，防止数据丢失或被窃取。

③ 数据库的并发控制。避免并发程序之间的相互干扰，防止数据库被破坏，杜绝提供给用户不正确的数据。

④ 数据库的恢复。在数据库被破坏或数据不可靠时，系统有能力把数据库恢复到最近某时刻的正确状态。

这一阶段程序和数据的关系如图 1-3 所示。

图 1-3　程序和数据的关系

综上所述，可以说数据库是个通用的综合性的数据集合，它可以供各种用户共享，且具有最小的冗余度、较高的数据与程序的独立性。

　　由于多种程序并发地使用数据库,为了能有效、及时地处理数据,并提供安全性和完整性,必须有一个软件系统在建立、运用和维护时对数据库进行统一控制,这种软件系统称为数据库管理系统(DBMS)。

1.1.3　数据库系统

　　数据库系统(Database System)是采用数据库技术构建的复杂计算机系统。它不是单纯的数据库或数据库管理系统,而是一种综合了计算机硬件、软件、数据集合和数据库管理员,遵循数据库规则,向用户和应用程序提供信息服务的集成系统。因此,数据库、软件系统、硬件系统、数据库管理员被称为数据库系统的四要素。

　　数据库系统的四个要素构成有机的整体,它们之间互相紧密配合和依靠,为各类用户提供信息服务。

1. 数据库

　　数据库是按一定结构组织的、各种应用相关的所有数据的集合。它包含了数据库管理系统处理的全部数据。其内容主要分为两个部分:一是物理数据库,记载了所有数据;二是数据字典,描述了不同数据之间的关系和数据组织的结构。

2. 软件系统

　　软件系统包括数据库管理系统(DBMS)、操作系统(Operating System)、应用程序开发工具及各种应用程序。数据库管理系统是整个数据库系统的核心,所有对数据库的操作,如查询、增加、删除、新建、更新等都要通过 DBMS 的分析,由 DBMS 调用操作系统的相关部分来执行。也就是说,数据库管理系统是位于用户与操作系统之间的一层数据管理软件。操作系统创建并维持了 DBMS 的运行环境。

　　1) 数据库管理系统

　　DBMS 的主要功能包括以下几个方面。

　　(1) 数据定义功能。提供数据定义语言(Data Definition Language,DDL),用户通过它可以方便地定义数据。

　　(2) 数据操纵功能。提供数据操纵语言(Data Manipulation Language,DML)实现对数据库的基本操作。

　　(3) 数据运行管理。这是 DBMS 运行时的核心部分,包括并发控制、安全检查、完整性约束条件的检查和执行、数据库的内部维护(如索引、数据字典的自动维护)等。所有的数据库操作都要在这些控制程序的统一管理下进行。

　　(4) 数据库的建立和维护功能。它包括数据库初始数据的输入、转换功能,数据库的转储、恢复功能,数据库的重组织功能和性能监测、分析功能等。这些功能通常由一些实用程序完成。

2）软件系统的工作过程

图 1-4 详细描述了应用程序通过数据管理系统和操作系统访问（读取）数据库的过程。

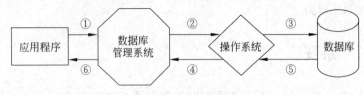

图 1-4　访问数据库

① 应用程序向数据库管理系统发出读取数据的请求,此请求在用户程序中是一条读取记录的数据操作(DML)语句。

② 数据库管理系统接到应用程序的请求,判断此操作是否在用户权限范围内,如果是,则将 DML 语句转换成数据库内部记录的格式,确定要读取记录在存储器上的物理地址,然后向操作系统发送读取记录的命令及相关的地址信息。

③ 操作系统执行该命令,打开数据库文件,按照上一步提供的地址信息,读取相应的记录。

④ 二进制记录信息已经从数据库中读出,并发送到操作系统的系统缓冲区,供 DBMS 调用。

⑤ DBMS 从系统缓冲区中调用二进制的系统信息,并将取得的信息转换成应用程序所要求的格式。

⑥ 应用程序接收从 DBMS 中取得的所需数据,继续运行下一步操作。

需要注意的是,一种数据库一般只支持一种或两种操作系统,不过,近年来,人们也越来越认识到跨平台作业的重要性,许多大型数据库都同时支持多种操作系统。

3. 硬件系统

硬件系统是指支持数据库系统运行的全部硬件,一般由中央处理器、内存、外存等硬件设备组成。不同的数据库对硬件系统的要求有所不同,普通的桌面数据库一般只能运行在个人计算机上,而一些大型数据库如 Oracle、Sybase 等,则对硬件系统有较高的要求。另外,如果是联网的数据库系统,则还需要购买配套的网络设备。

4. 数据库管理员

数据库管理员(Database Administrator,DBA),是专门负责数据库系统设计、运行和维护的专职人员。他们在数据库系统的规划、设计、运行阶段都担负着重要的任务。在数据库规划设计阶段,DBA 创建数据模式,并根据此数据模式决定数据库的内容和结构;在运行维护阶段,DBA 对不同的用户授予不同的权限,并监督用户对数据库的使用;在管理方面,DBA 运用数据库管理系统提供的实用程序进行数据库的装配、维护、日志、恢复、统计分析等工作,运用数据字典了解系统的运行情况,并将系统的相关变化记录到数据字典中。

数据库管理员的工作十分繁重而复杂,尤其是大型数据库的 DBA 往往是由几个人组成的小组协同工作。数据库管理员的职责又十分重要,直接关系到数据库系统的顺利运作。所以,DBA 必须由专业知识较深、经验较丰富的专业人士来担任。

1.1.4 数据库基本体系结构

人们为数据库设计了一个严谨的体系结构,数据库领域公认的标准结构是三级模式结构,它包括外模式、概念模式、内模式,有效地组织、管理数据,提高了数据库的逻辑独立性和物理独立性。

1. 外模式

外模式又称子模式或用户模式,对应于用户级数据库。它是某个或某几个用户所看到的数据库的数据视图,是与某一应用有关的数据的逻辑表示。外模式是从模式导出的一个子集,包含模式中允许特定用户使用的那部分数据。用户可以通过外模式描述语言来描述、定义对应于用户的数据记录(外模式),也可以利用数据操纵语言(Data Manipulation Language,DML)对这些数据记录进行操作。外模式反映了数据库系统的用户观。

2. 概念模式

概念模式又称模式或逻辑模式,对应于概念级数据库。它是由数据库设计者综合所有用户的数据,按照统一的观点构造的全局逻辑结构,是对数据库中全部数据的逻辑结构和特征的总体描述,是所有用户的公共数据视图(全局视图)。它是由数据库管理系统提供的数据模式描述语言(Data Description Language,DDL)来描述、定义的。概念模式反映了数据库系统的整体观。

3. 内模式

内模式又称存储模式,对应于物理级数据库。它是数据库中全体数据的内部表示或底层描述,是数据库最低一级的逻辑描述,描述了数据在存储介质上的存储方式和物理结构,对应着实际存储在外存储介质上的数据库。内模式是由内模式描述语言来描述、定义的。内模式反映了数据库系统的存储观。

总体而言,概念模式描述数据的全局逻辑结构,外模式涉及的是数据的局部逻辑结构,即用户可以直接接触到的数据的逻辑结构,而内模式更多的是由数据库系统内部实现的。

为了实现三个抽象层次的联系和转换,数据库系统在这三级模式中提供了映像机制,即外模式/概念模式映像和概念模式/内模式映像。其中,外模式/概念模式映像定义某个外模式和概念模式之间的对应关系,使得当概念模式改变时,通过外模式/概念模式映像的相应改变来保证模式不变。另外,概念模式/内模式映像定义数据的逻辑结构和存储结构之间的对应关系,使得当数据库的存储结构改变时,通过概念模式/内模式映像的相应改变来维持模式不变。

数据库三级模式如图 1-5 所示。

上述的概念虽然比较复杂,但是读者通过了解数据库的基本结构,可以在规划设计数据库时对整个设计过程有一个更全面的认识。

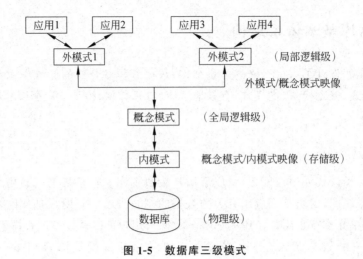

图 1-5　数据库三级模式

1.1.5　结构化查询语言

SQL（Structured Query Language）叫作结构化查询语言。SQL 是一种标准的关系数据库查询语言，它用于对关系数据库中的数据进行存储、查询、更新等操作。正因为 SQL 的标准化，所以绝大多数数据库系统都支持 SQL，而且在不同的数据库管理系统中，SQL 的差别很小。只要掌握了标准 SQL，就可以应用到任何其他关系数据库管理系统上。

SQL 是一种交互式的计算机操作语言，也是一种数据库编程语言，它不仅能够在交互式环境下提供对数据库的各种访问操作，而且作为一种分布式数据库语言用于数据库应用的开发。

SQL 由三部分组成，包括数据库生成、维护和安全性问题的所有内容。

（1）数据定义语言（Data Definition Language，DDL）：DDL 提供完整定义数据库必需的所有内容，包括数据库生成后的结构修改、删除功能。DDL 是 SQL 中用来生成、修改、删除数据库基本要素的部分。

（2）数据操作语言（Data Manipulation Language，DML）：DML 是 SQL 中运算数据库的部分，它是对数据库中的数据进行输入、修改及提取的有力工具。

（3）数据控制语言（Data Control Language，DCL）：DCL 提供的防护措施是数据库安全性所必需的。SQL 通过限制可以改变数据库的操作来保护它，包括事件、特权等。

SQL 共有 9 个核心动词，表 1-1 列出了这 9 个动词和它们分别所属的功能。

表 1-1　SQL 核心动词和它们分别所属的功能

功　　能	动　　词
数据定义	CREATE、DROP、ALTER
数据操作	SELECT、UPDATE、DELETE、INSERT
数据控制	GRANT、REVOKE

1.1.6　常见的数据库产品

随着数据库技术的发展,数据库产品越来越多,如 Oracle、SQL Server、DB2、MongoDB、MySQL 等。

1. Oracle 数据库

Oracle 数据库管理系统是由甲骨文(Oracle)公司开发的,在数据库领域一直处于领先地位。目前,Oracle 数据库覆盖了大、中、小型计算机等几十种计算机型,成为世界上使用最广泛的关系数据管理系统(由二维表及其之间的关系组成的一种数据库)之一。

Oracle 数据库管理系统采用标准的 SQL,并经过美国国家标准技术所(NIST)测试。与 IBM SQL/DS、DB2、INGRES、IDMS/R 等兼容,而且它可以在 VMS、DOS、UNIX、Windows 等操作系统下工作。不仅如此,Oracle 数据库管理系统还具有良好的兼容性、可移植性和可连接性。

2. SQL Server 数据库

SQL Server 是由微软公司开发的一种关系数据库管理系统,它已广泛应用于电子商务、银行、保险、电力等行业.

SQL Server 提供了对 XML 和 Internet 标准的支持,具有强大的、灵活的、基于 Web 的应用程序管理功能。而且界面友好、易于操作,深受广大用户的喜爱,但它只能在 Windows 平台上运行,并对操作系统的稳定性要求较高,因此很难应对日益增长的用户数量。

3. DB2 数据库

DB2 数据库是由 IBM 公司研制的一种关系数据库管理系统,主要应用于 OS/2、Windows 等平台,具有较好的可伸缩性,可支持从大型计算机到单用户环境。

DB2 支持标准的 SQL,并且提供了高层次的数据利用性、完整性、安全性和可恢复性,以及从小规模到大规模应用程序的执行能力,适用于海量数据的存储,但相对于其他数据库管理系统而言,DB2 的操作比较复杂。

4. MongoDB 数据库

MongoDB 是一个介于关系数据库和非关系数据库之间的产品,是非关系数据库中功能最丰富、最像关系数据库的。它支持的数据结构非常松散,是类似 JSON 的 bjson 格式,因此可以存储比较复杂的数据类型。

Mongo 数据库管理系统最大的特点是它支持的查询语言非常强大,其语法有点类似于面向对象的查询语言,可以实现类似关系数据库单表查询的绝大部分功能,而且支持对数据建立索引。不仅如此,它还是一个开源数据库,并且具有高性能、易部署、易使用、存储数据非常方便等特点。对于大数据量、高并发、弱事务的互联网应用,MongoDB 完全可以满足 Web 2.0 和移动互联网的数据存储需求。

5. MySQL 数据库

MySQL 数据库管理系统是由瑞典的 MySQL AB 公司开发的，但是几经辗转，现在成为 Oracle 公司的产品。它是以"客户/服务器"模式实现的，是一个多用户、多线程的小型数据库服务器。MySQL 是开源数据的，任何人都可以获得该数据库的源代码并修正 MySQL 的缺陷。

MySQL 具有跨平台的特性，它不仅可以在 Windows 平台上使用，还可以在 UNIX、Linux 和 macOS 等平台上使用。相对其他数据库而言，MySQL 的使用更加方便、快捷，而且 MySQL 是免费的，运营成本低，因此，越来越多的公司使用 MySQL。

如图 1-6 所示是数据库流行度排行榜 DB-Engines Ranking。从图中可以看到，在关系数据库中，Oracle、MySQL、Microsoft SQL Server 排前三位，流行度远远超过其他数据库。在非关系数据库中，比较流行的有 MongoDB、Elasticsearch、Redis 等。

Rank			DBMS	Database Model	Score		
Apr 2022	Mar 2022	Apr 2021			Apr 2022	Mar 2022	Apr 2021
1.	1.	1.	Oracle ➕	Relational, Multi-model ⓘ	1254.82	+3.50	-20.10
2.	2.	2.	MySQL ➕	Relational, Multi-model ⓘ	1204.16	+5.93	-16.53
3.	3.	3.	Microsoft SQL Server ➕	Relational, Multi-model ⓘ	938.46	+4.67	-69.51
4.	4.	4.	PostgreSQL ➕ 🗨	Relational, Multi-model ⓘ	614.46	-2.47	+60.94
5.	5.	5.	MongoDB ➕	Document, Multi-model ⓘ	483.38	-2.28	+13.41
6.	6.	↑7.	Redis ➕	Key-value, Multi-model ⓘ	177.61	+0.85	+21.72
7.	↑8.	↑8.	Elasticsearch ➕	Search engine, Multi-model ⓘ	160.83	+0.89	+8.66
8.	↓7.	↓6.	IBM Db2	Relational, Multi-model ⓘ	160.46	-1.69	+2.68
9.	9.	↑10.	Microsoft Access	Relational	142.78	+7.36	+26.06
10.	10.	↓9.	SQLite ➕	Relational	132.80	+0.62	+7.74

391 systems in ranking, April 2022

图 1-6　数据库流行度排名

1.2　MySQL 的安装与配置

大型商业数据库虽然功能强大，但价格也非常昂贵，因此，许多中小型企业将目光转向开源数据库。开源数据库具有速度快、易用性好、支持 SQL、对网络的支持性好、可移植性好、费用低等特点，完全能够满足中小企业的需求。尤其在知识产权越来越受重视的今天，开源数据库更加成为企业应用数据库的首选。本书将以 MySQL 关系数据库系统为平台讲述数据库的设计与实现。

下面首先回顾 MySQL 发展史。

作为最受欢迎的开源关系数据库管理系统，MySQL 最早来自 MySQL AB 公司的 ISAMS 与 mSQL 项目（主要用于数据仓库场景），1996 年 MySQL 1.0 诞生，当时只支持 SQL 特性，还没有事务支持。MySQL 3.11.1 是第一个对外提供服务的版本，MySQL 主从复制功能也是从这个时候加入的。

2000 年前后，设计人员尝试将 InnoDB 引擎加入 MySQL 中。

2003 年 12 月，MySQL 5.0 提供了视图、存储过程等功能。

2008年1月，MySQL AB公司被Sun公司收购，MySQL进入Sun时代。Sun公司对其进行了大量的推广、优化和Bug修复等工作。

2008年11月，MySQL S.1发布，它提供分区、事件管理功能，以及基于行的复制和基于磁盘的NDB集群系统，同时修复了大量的Bug。

2009年4月，甲骨文公司收购Sun公司，自此MySQL进入Orale时代，而其第三方存储引擎InnoDB早在2005年就被甲骨文公司收购。

2010年12月，MySQL 5.5发布，主要新特性包括半同步的复制以及对SIGNAL/RESIGNAL的异常处理功能的支持，最重要的是InnoDB存储引擎变为MySQL的默认存储引擎。MySQL 5.5不是一次简单的版本更新，而是加强了MySQL企业级各个方面应用的特性。甲骨文公司同时也承诺MySQL 5.5和未来版本仍是采用GPL授权的开源产品。这个版本也是目前使用最广泛的MySQL版本，已知的MySQL第三方发行版基本上都以这一版本为基础扩展独立分支。由于MySQL 5.5的广泛使用，目前甲骨文公司仍然对这个版本提供维护。

2011年4月，MySQL 5.6发布，作为被甲骨文公司收购后，第一个正式发布并做了大量变更的版本(5.5版本主要是对社区开发功能的集成)，其对复制模式、优化器等做了大量的变更，主从GTID复制模式大大降低了MySQL高可用操作的复杂性。由于对源代码进行了大量的调整，直到2013年，MySQL 5.6GA才正式发布。

2013年4月，MySQL 5.6GA发布，作为独立的5.7分支被进一步开发，在并行控制、并行复制等方面进行了大量的优化调整。MySOL 5.7GA于2015年10月发布，这个版本是目前最稳定的版本分支之一。

2016年9月，甲骨文公司决定跳过MySQL 5.x命名系列，并抛弃之前的MySQL 6、7两个分支直接进入MySQL 8时代，正式启动MySQ L 8.0的开发。MySQL从5.7版本直接跳跃发布了8.0版本，可见这是一个令人兴奋的里程碑版本。MySQL 8.0版本在功能上做了显著的改进与增强，不仅在速度上有了改善，更提供了一系列巨大的变化，为用户带来了更好的性能和更棒的体验。

MySQL从无到有，技术不断更断。版本不断升级。经历了一个漫长的过程，目前最高版本是MySQL 8.0。时至今日，MySQL和PHP(Hypertext Preprocessor,超文本预处理器)完美结合，被应用到很多大型网站的开发上。

下面看一下MySQL 8.0的新特性。

(1)更简便的NoSQL支持。NoSQL泛指非关系数据库和数据存储。随着互联网平台规模的飞速发展，传统的关系数据库已经越来越不能满足需求。从5.6版本开始，MySQL就支持简单的NoSQL存储功能。MySQL 8.0对该功能做了优化，以更灵活的方式实现NoSQL功能，不再依赖模式(schema)。

(2)更好的索引。在查询中，正确地使用索引可以提高查询的效率。MySQL 8.0中新增了隐藏索引和降序索引。隐藏索引可以用来测试去掉索引对查询性能的影响，验证索引的必要性时不需要删除索引，而是先将索引隐藏，如果优化器性能无影响，就可以真正地删除索引。降序索引允许优化器对多个列进行排序，并且允许排序顺序不一致。在查询中混合存在多列索引时，使用降序索引可以提高查询的性能。

(3)安全和账户管理。MySQL 8.0中新增了caching sha2 password授权插件、角色、密码历史记录和 FIPS 模式支持，这些特性提高了数据库的安全性和性能，使数据库管理员能够更灵活地进行账户管理工作。

（4）InnoDB 的变化。InnoDB 是 MySQL 默认的存储引擎，是事务型数据库的首选引擎，支持事务 ACID 特性（原子性 A、一致性 C、隔离性 I、持久性 D），支持行锁定和外键。在 MySQL 8.0 中，InnoDB 在自增、索引、加密、死锁、共享锁等方面做了大量的改进和优化，并且支持原子数据定义语言（DDL），提高了数据安全性，为事务提供更好的支持。

（5）字符集支持。MySQL 8.0 中默认的字符集由 latin1 更改为 utf8mb4，并首次增加了日语特定使用集合：utf8mb4_ja_0900_as_cs。

经过不断的优化发展及积累，MySQL 数据库具有以下几方面的优势。

（1）技术趋势。互联网技术发展的趋势是选择开源产品，再优秀的产品，如果是闭源的，在大行业背景下，也会变得越来越小众。举个例子，如果一个互联网公司选择 Oracle 作为数据库，就会涉及技术壁垒，使用方会很被动，因为最基本最核心的框架掌握在别人手里。和 Oracle 相比，MySQL 是开放源代码的数据库，这就使得任何人都可以获取 MySQL 的源代码，并修正 MySQL 的缺陷。因为任何人都能以任何目的来使用该数据库，所以这是一款自由使用的软件。而很多互联网公司选择使用 MySQL，是一个化被动为主动的过程，无须再因为依赖其他封闭的数据库产品而受牵制。

（2）成本因素。任何人都可以从官方网站下载 MySQL，社区版本的 MySQL 都是免费的，即使有些附加功能需要收费，也非常便宜。相比之下，Oracle、DB2 和 SQL Server 价格不菲，如果再考虑到搭载的服务器和存储设备，成本差距是巨大的。

（3）跨平台性。MySQL 不仅可以在 Windows 系列的操作系统上运行，还可以在 UNIX、Linux 和 macOS 等操作系统上运行。因为很多网站都选择 UNIX、Linux 作为网站的服务器，所以 MySQL 具有跨平台的优势。虽然微软公司的 SQL Sever 数据库也是很优秀的商业数据库，但是其只能在 Windows 系列的操作系统上运行。

（4）性价比高。MySQL 是一个真正的多用户、多线程 SQL 数据库服务器，能够快速、高效、安全地处理大量的数据。MySQL 和 Oracle 性能并没有太大的区别，在低硬件配置环境下，MySQL 分布式的方案同样可以解决问题，而且成本比较经济，从产品质量、成熟度、性价比上来讲，MySQL 是非常不错的。另外，MySQL 的管理和维护非常简单，初学者很容易上手，学习成本较低。

（5）集群功能。当一个网站的业务量发展得越来越大时，Oracle 的集群已经不能很好地支撑整个业务，架构解耦势在必行。这意味着要拆分业务，继而要拆分数据库。如果业务只需要十几个或几十个集群就能承载，则 Oracle 可以胜任，但是大型互联网公司的业务常常需要成百上千台计算机来承载，对于这样的规模，MySQL 这样的轻量级数据库更合适。

1.2.1 MySQL 服务器的安装配置和连接断开

1. MySQL 服务器的安装

1）下载 MySQL 软件

MySQL 针对个人用户和商业用户提供不同版本的产品。MySQL 社区版是供个人用户免费下载的开源数据库；而对于商业客户，MySQL 有标准版、企业版、集成版等多个版本可供选择，以满足特殊的商业和技术需求。

　　MySQL 是开源软件，个人用户可以登录其官方网站（https://www.mysql.com/downloads/）直接下载相应的版本，下载页面如图 1-7～图 1-9 所示。

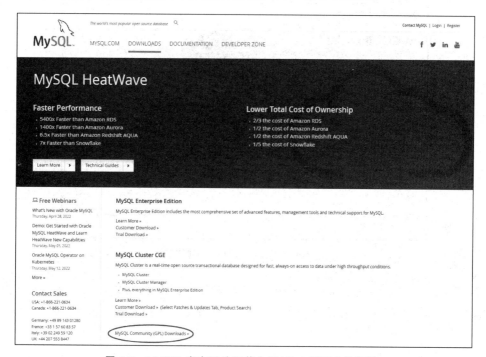

图 1-7　MySQL 官方网站下载主页（单击椭圆实线框处）

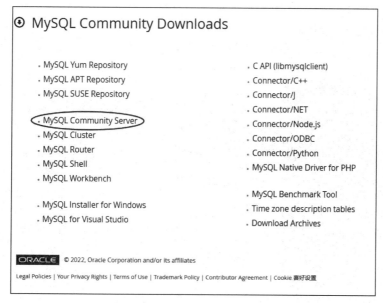

图 1-8　MySQL 社区版产品选择页面（单击椭圆实线框处）

13

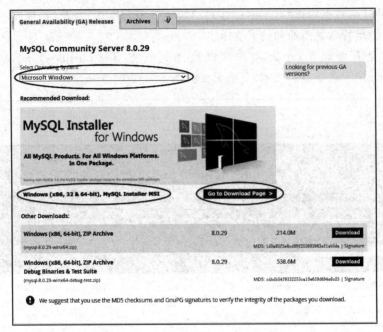

图 1-9　MySQL 社区版下载页面

在图 1-9 中，平台选择 Microsoft Windows，安装方式有 Installer MSI 和 ZIP Archive 两种，本书讨论 Installer MSI 安装。单击 Go to Download Page 按钮，下载扩展名为.msi 的安装包。

2）MySQL 软件的安装

双击安装包，进入安装向导中的产品类型选择界面，如图 1-10 所示。

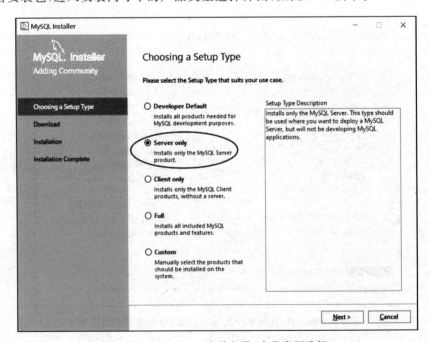

图 1-10　MySQL 8.0 安装向导（产品类型选择）

图 1-10 所示的产品类型选择界面分为 Developer Default（开发用途）、Server only（服务器）、Client only（客户端）、Full（全部产品）、Custom（客户选装）5 个选项。鉴于读者是初学 MySQL，所以这里选择 Server only（服务器）。单击 Next 按钮，进行 MySQL 服务器安装。MySQL 8.0 安装完成界面如图 1-11 所示。

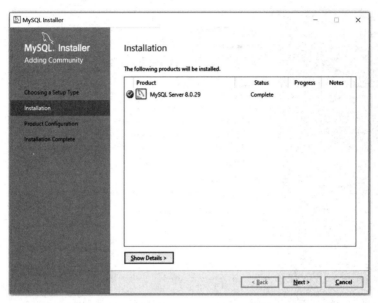

图 1-11　MySQL 8.0 安装向导（服务器安装完成）

2. MySQL 服务器的配置

安装完毕后，在图 1-11 中单击 Next 按钮，进入服务器配置向导界面，可以设置 MySQL 8.0 数据库的各种参数，如图 1-12 所示。

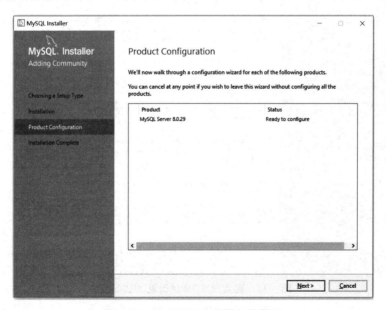

图 1-12　MySQL 8.0 配置向导界面

　　单击 Next 按钮，进入图 1-13 所示的产品类型和网络配置界面，若网络没有冲突，选择默认设置即可。但要注意在椭圆框所示的产品类型下拉列表中要选择 Server Computer 选项。

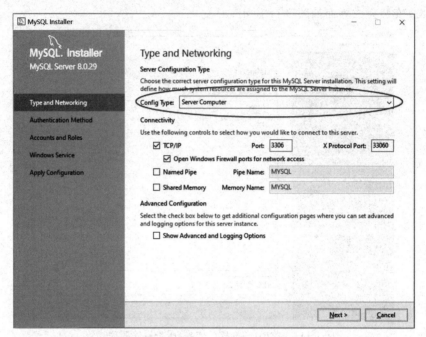

图 1-13　配置向导（产品类型和网络配置）

　　单击 Next 按钮，进入图 1-14 所示的身份验证方式配置界面，选择默认设置即可。

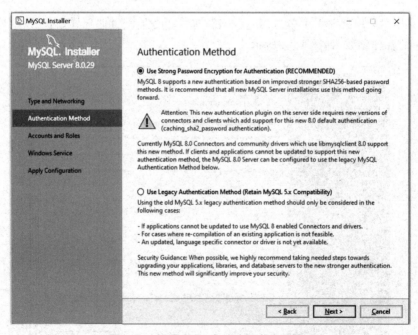

图 1-14　配置向导（身份验证方式配置）

单击 Next 按钮,进入图 1-15 所示的账号和角色配置界面,这里需要为 MySQL 的超级用户 root 设置密码。

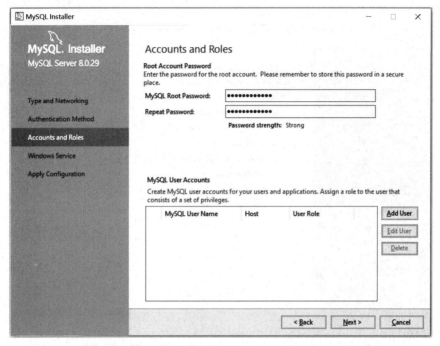

图 1-15　配置向导(账号和角色配置)

单击 Next 按钮,进入图 1-16 所示的 Windows 服务配置界面,选择默认设置即可。

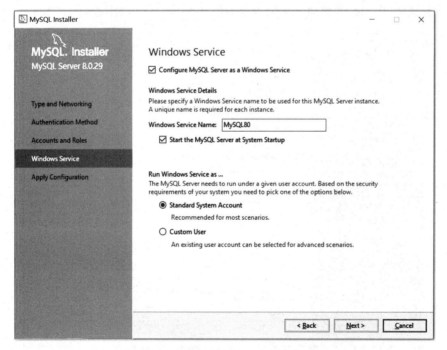

图 1-16　配置向导(Windows 服务配置)

到这里为止，MySQL 8.0 数据库服务器的各种参数配置完毕，单击 Next 按钮，进入图 1-17 所示的应用配置界面，单击 Execute 按钮，安装程序将按所选参数配置服务器，服务器的配置文件为 my.ini。

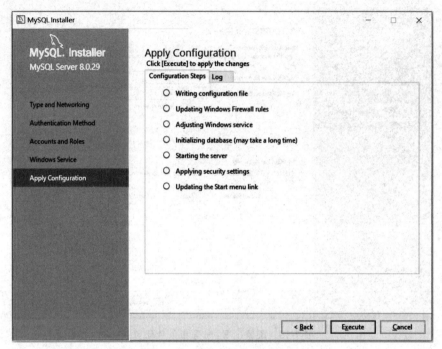

图 1-17　配置向导（应用配置）

配置完成后，应用配置界面显示配置成功信息，如图 1-18 所示。

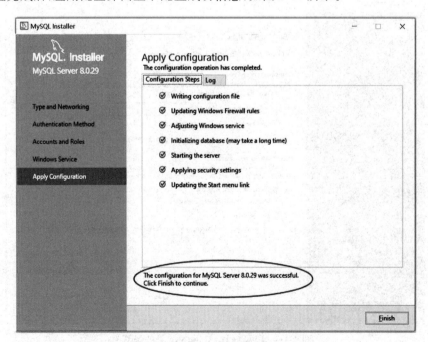

图 1-18　配置向导（应用配置成功）

单击 Finish 按钮,进入 Product Configuration 界面,直接单击 Next 按钮,进入 MySQL 8.0 服务器配置完成界面,如图 1-19 所示。单击 Finish 按钮,MySQL 8.0 服务器安装与配置工作全部完成。

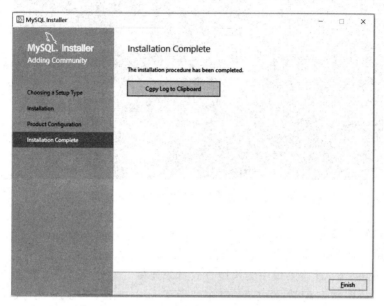

图 1-19　MySQL 8.0 服务器安装配置完成界面

3. MySQL 服务器的连接

要使用 MySQL 数据库,先要与数据库服务器进行连接。连接服务器通常需要提供一个 MySQL 用户名和密码。如果服务器运行在登录服务器之外的其他计算机上,还需要指定主机名。在知道正确的参数(连接的主机、用户名和使用的密码)的情况下,服务器可以按照以下方式进行连接。

1) 通过 DOS 命令行窗口运行命令登录连接

命令格式:

```
mysql -h<主机名> -u<用户名> -p<密码>
```

提示:命令行中的-u、-P 必须小写;<主机名>、<用户名>、<密码>是命令参数,分别代表 MySQL 服务器运行的主机名(本机可用 127.0.0.1 或 localhost)、MySQL 账户用户名和密码。

例如,以用户名 root、密码 123456 的身份登录到本地数据库服务器的命令为:

```
mysql -hlocalhost -uroot -p123456
```

以上命令需要在 MySQL 服务器所在的文件夹中运行,因此,运行命令之前先要指定服务器文件所在路径,默认为 C:\Program Files\MySQL\MySQL Server 8.0\bin,如图 1-20 所示(注意图中的实线框里的内容)。

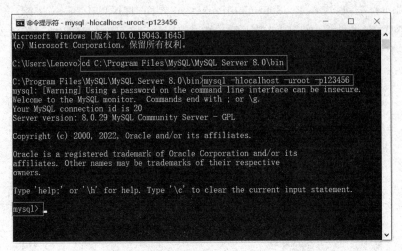

图 1-20　在 DOS 命令行窗口中登录 MySQL 服务器

如果连接成功,则用户应该可以看见一段介绍文字后面的 mysql>提示符,mysql>提示符告诉用户 MySQL 服务器已经连接好,可以接收输入命令。

2）通过 Windows 开始菜单中的快捷方式登录连接

MySQL 8.0 安装和配置完成后,会在开始菜单中生成 MySQL 8.0 Command Line Client(命令行客户端)快捷方式,如图 1-21 所示。可以执行"开始"→"程序"→MySQL→MySQL 8.0 Command Line Client 命令,进入 MySQL 命令行客户端窗口,如图 1-22 所示。在命令行客户端窗口中输入安装时为 root 用户设置的密码,如果窗口中出现 MySQL 命令行提示符 mysql>,则表示 MySQL 服务器安装成功并启动,终端以 root 用户身份成功登录连接到 MySQL 服务器,用户可以通过此窗口输入 SQL 语句,操作 MySQL 数据库。

图 1-21　Windows 开始菜单中登录 MySQL 服务器的快捷方式

4. MySQL 服务器的断开

成功连接服务器后,可以在 mysql>提示符后输入 QUIT(或\q),随时退出。

```
mysql>QUIT
```

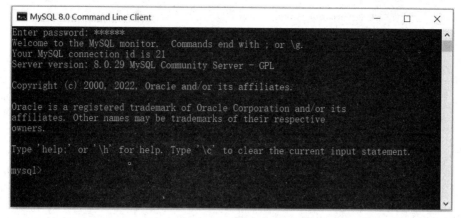

图 1-22　MySQL 命令行客户端窗口

按 Enter 键,即可退出 MySQL 命令行。

1.2.2　MySQL 图形化管理工具

绝大多数关系数据库都有两个截然不同的部分,一是后端,作为数据仓库;二是前端,用于数据组件交互通信的用户界面。这种设计非常巧妙,它并行处理两层编程模型,将数据层从用户界面中分离出来,使得数据库软件制造商可以将它们的产品专注于数据层,即数据存储和管理;同时为第三方创建大量的应用程序提供了便利,使各种数据库间的交互性更强。

MySQL 数据库服务器只提供命令行客户端(MySQL Command Line Client)管理工具,用于数据库的管理与维护,但是第三方提供的管理维护工具非常多,大部分都是图形化管理工具。图形化管理工具通过软件对数据库的数据进行操作,在操作时采用菜单方式进行,不需要熟练记忆操作命令。常见的客户端图形化管理工具有 Navicat for MySQL、MySQL Workbench、phpMyAdmin 等,在此主要介绍 Navicat for MySQL 图形化管理工具。

1. 安装 Navicat for MySQL

Navicat 是一套快速、可靠的数据库管理工具,专为简化数据库的管理及降低系统管理成本而开发。它的设计满足数据库管理员、开发人员及中小企业的需要,其中 Navicat for MySQL 为 MySQL 量身定做,可以同 MySQL 数据库服务器一起工作,使用图形用户界面(Graphical User Interface,GUI),并且支持 MySQL 大多数最新的功能,可以用一种安全和更为容易的方式快速、轻松地创建、组织、存取和共享信息,支持中文。

Navicat for MySQL 的安装比较简单,双击 Navicat 软件安装包,进入安装向导界面,如图 1-23 所示。

单击“下一步”按钮,进入“许可证”界面,选择“我同意”后,单击“下一步”按钮,进入“选择安装文件夹”界面,可以选择安装 Navicat for MySQL 的目标文件夹,如图 1-24 所示。

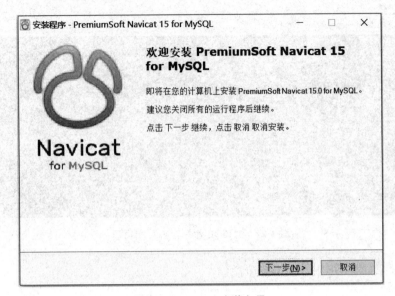

图 1-23　Navicat 安装向导

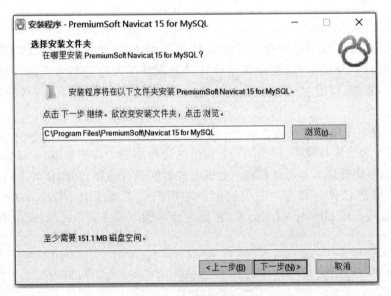

图 1-24　选择安装文件夹

　　单击"下一步"按钮，选择为软件在开始菜单和桌面上创建快捷方式，最后进入安装界面，单击"安装"按钮，软件开始安装，安装完成后单击"完成"按钮，如图 1-25 所示。

2. 使用 Navicat 登录连接 MySQL 服务器

　　启动 Navicat for MySQL，如图 1-26 所示。选择"文件"→"新建连接"→MySQL 菜单命令，打开"新建连接"对话框，如图 1-27 所示。

　　在图 1-27 所示的对话框中，"连接名"指与 MySQL 服务器建立的连接的名称，名字可以任取（本示例中叫 helloMySQL）；"主机"指 MySQL 服务器的名称，如果 MySQL 软件安

图 1-25　Navicat 安装完成

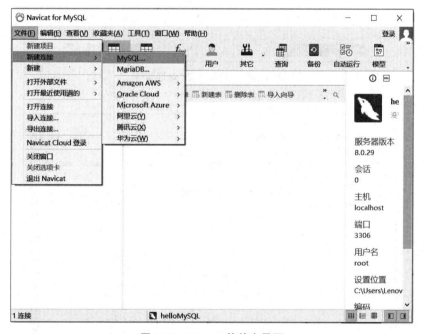

图 1-26　Navicat 软件主界面

装在本机,则可以用 localhost 代替本机地址,如果需要登录到远程服务器,则需要输入
MySQL 服务器的主机名或 IP 地址;"端口"指 MySQL 服务器端口,默认端口为 3306,如果
没有特别指定,不需要更改;"用户名""密码"限制了连接用户,只有 MySQL 服务器中的合
法用户才能建立与服务器的连接,root 是 MySQL 服务器权限最高的用户。输入相关参数
后,单击"测试连接"按钮测试与服务器的连接,测试通过后单击"确定"按钮连接到服务器,
如图 1-28 所示。

图 1-27　"新建连接"对话框

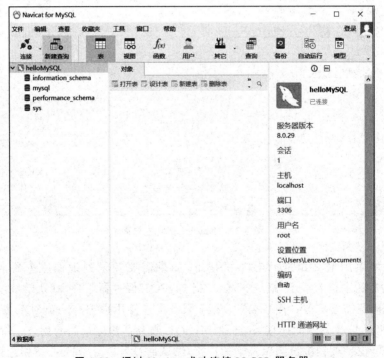

图 1-28　通过 Navicat 成功连接 MySQL 服务器

Navicat for MySQL 也提供了命令列窗口,通过这个窗口执行 SQL 命令,编辑功能体验比系统自带的 MySQL 命令行客户端窗口更为友好。启动命令列窗口的方法是在窗口左侧右击刚刚创建的连接对象(本示例中叫 helloMySQL),在弹出的快捷菜单中执行"命令列界面"命令,如图 1-29 所示。

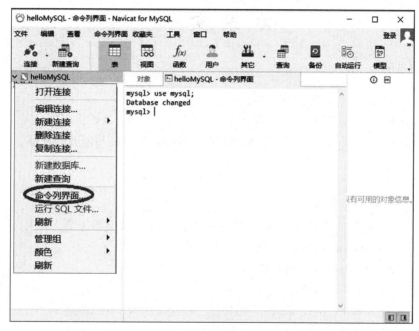

图 1-29　Navicat 命令列界面

本 章 小 结

(1) 数据是重要的资源,数据处理是对各种形式的数据进行收集、存储、加工和传播的一系列活动的总和。数据处理经历了人工管理阶段、文件系统阶段和数据库系统阶段。

(2) 数据、数据库、数据库管理系统与操作数据库的应用开发工具、应用程序以及与数据库有关的人员一起构成了一个完整的数据库系统。数据库管理系统负责对收集到的大量数据进行整理、加工、归并、分类、计算及存储等处理,进而产生新的数据。目前比较常用的数据库管理系统有 Oracle、MySQL、Microsoft SQL Server 等。

(3) 数据库有严谨的体系结构,数据库领域公认的标准结构是三级模式结构,它包括外模式、概念模式、内模式。

(4) 结构化查询语言 SQL 是关系数据库的标准语言。SQL 集数据查询、数据操纵、数据定义和数据控制功能于一体,充分体现了关系数据库语言的特点。

(5) MySQL 是一个小型关系数据库管理系统,目前被广泛地应用于中小型网站。由于其具有体积小、速度快、总体成本低,以及开放源码的特点,所以许多中小型网站为了降低网站总体成本而选择 MySQL 作为网站数据库。

（6）MySQL 数据库采用的是开放式框架，它允许第三方开发自己的数据存储引擎。第三方提供的图形化管理工具非常多，采用菜单方式进行数据库管理，大大方便了数据库的管理工作。

本 章 实 训

1. 实训目的

（1）掌握 MySQL 数据库的安装与配置方法。

（2）掌握 MySQL 图形化管理工具的安装方法。

（3）学会使用命令行方式、快捷方式和图形化管理工具连接和断开服务器。

2. 实训内容

1）安装 MySQL 服务器

（1）登录 MySQL 官方网站，下载合适的版本，安装 MySQL 服务器。

（2）配置并测试所安装的 MySQL 服务器。

2）安装 MySQL 图形化管理工具

（1）安装 Navicat for MySQL 软件。

（2）使用 Navicat for MySQL 图形化管理工具连接到 MySQL 服务器。

3）连接与断开服务器

（1）通过"开始"菜单中的 MySQL 8.0 Command Line Client 快捷方式连接到 MySQL 服务器。

（2）通过 mysql 命令在 DOS 命令窗口登录连接 MySQL 服务器。

（3）断开与服务器的连接。

本 章 练 习

1. 选择题

（1）以下选项中，（   ）用于描述数据在磁盘中如何存储。

    A. 外模式   B. 内模式

    C. 概念模式   D. 以上选项都不正确

（2）下列（   ）可以在命令提示符下停止 MySQL 服务器。

    A. net stop   B. net start mysql

    C. net stop mysql   D. stop mysql

（3）以下选项中，不属于 MySQL 特点的是（   ）。

    A. 界面良好   B. 跨平台   C. 体积小   D. 速度快

(4) 下面关于 MySQL 安装目录描述错误的是(　　　)。

 A. lib 目录用于存储一系列的库文件

 B. include 目录用于存放一些头文件

 C. bin 目录用于存放一些可执行文件

 D. 以上选项都不正确

(5) INSERT 语句属于 SQL 的(　　　)组成部分。

 A. DDL   B. DML   C. DQL   D. DBS

(6) 数据库系统的核心是(　　　)。

 A. 数据库   B. 数据库管理系统

 C. 数据模型   D. 软件工具

(7) 对于 MySQL,错误的说法是(　　　)。

 A. MySQL 是一款关系数据库系统

 B. MySQL 是一款网络数据库系统

 C. MySQL 可以在 Linux 或 Windows 操作系统下运行

 D. MySQL 对 SQL 的支持不是太好

(8) SQL 具有(　　　)的功能。

 A. 关系规范化、数据操纵、数据控制

 B. 数据定义、数据操纵、数据控制

 C. 数据定义、关系规范化、数据控制

 D. 数据定义、关系规范化、数据操纵

(9) 在数据库中存储的是(　　　)。

 A. 数据库   B. 数据库管理员

 C. 数据以及数据之间的联系   D. 信息

(10) DBMS 的中文含义是(　　　)。

 A. 数据库   B. 数据模型

 C. 数据库系统   D. 数据库管理系统

(11) MySQL 是一个(　　　)的数据库系统。

 A. 网状型   B. 层次型

 C. 关系型   D. 以上都不是

(12) 在数据管理技术的发展过程中,经历了人工管理阶段、文件系统阶段和数据库系统阶段。在这几个阶段中,数据独立性最高的是(　　　)阶段。

 A. 数据库系统   B. 文件系统

 C. 人工管理   D. 数据项管理

(13) 数据库应用系统是由数据库、数据库管理系统及其开发工具、应用系统、(　　　)和用户构成的。

 A. DBMS   B. DB   C. DBS   D. DBA

(14) Microsoft 公司的 SQL Server 数据库管理系统一般只能运行于(　　　)。

 A. Windows 平台   B. UNIX 平台

 C. Linux 平台   D. NetWare 平台

（15）MySQL 数据库服务器的默认端口号是（　　）。

    A. 80　　　　　　B. 8080　　　　　　C. 3306　　　　　　D. 1433

2. 填空题

（1）_____是位于用户与操作系统之间的一层数据管理软件，它属于系统软件，它为用户或应用程序提供访问数据库的方法。数据库在建立、使用和维护时由其统一管理、统一控制。

（2）数据库体系结构的三级模式是：_____、_____、_____，两级映像是：_____、_____。

（3）MySQL 数据库的超级管理员名称是_____。

（4）断开 MySQL 服务器的命令是_____。

（5）MySQL 服务器的配置文件的文件名是_____。

第 2 章 数据库设计

学习目标

- 了解数据处理所涉及的三个领域世界。
- 了解数据模型的相关知识。
- 掌握运用 E-R 图进行数据库设计的相关知识。
- 能够运用 E-R 图等数据库设计工具合理规划与设计数据库结构。
- 能够运用关系数据库范式理论规范化设计数据库。

如何使开发的数据库简单易用、安全可靠、易于维护和扩展、数据冗余小,以及数据存取速度快?如何使开发的数据库应用系统满足用户的应用需求?要解决这些问题,需要对数据库进行科学的设计。本章将围绕网络点餐数据库的构建过程,阐述数据库设计应当遵守的方法、准则和步骤;讲述如何绘制数据库概念模型 E-R 图,将 E-R 图转换为关系模型,以及应用范式理论对关系模型进行规范化。

2.1 相关重要概念

2.1.1 数据处理的抽象描述

不同的领域,数据的描述也有所不同。在实际生活中,有对现实世界的描述;在理论研究中,有对符号化数据的描述;而在计算机内部,数据又有其特定的表示方法。人们研究和处理数据的过程中,常常把数据的转换分为三个领域——现实世界、信息世界、机器世界,这三个世界间的转换过程,就是将客观现实的信息反映到计算机数据库中的过程。

1. 现实世界

客观存在的世界就是现实世界(Real Word),它独立于人们的思想之外。现实世界存在无数相互联系的事物,每一个客观存在的事物可以看作一个个体,个体有多项特征特性。比如,电视机就有价格、品牌、可视面积大小。是否彩色等特征。而不同的人,只会关心其中的一部分属性,一定领域内的个体有着相同的特征。

2. 信息世界

信息世界(Information World)是现实世界在人们头脑中的反映,人的思维将现实世界的数据抽象化和概念化,并用文字符号表示出来,就形成了信息世界。下面是人们在研究现实世界过程中常常用到的术语。

（1）实体（Entity）。客观存在且可以互相区别的事物，如一名学生、一台计算机、一本书、一场聚会。实体是信息世界的基本单位。

（2）属性（Attribute）。个体的某一特征称为属性，一个实体可以有多个属性，如学生实体有学号、姓名、性别、身高等属性，每一个属性都有其取值范围和取值类型。

（3）键（Key）。能在一个实体集中唯一标志一个实体的属性称为键或码，键可以只包含一个属性，也可以同时包含多个属性，如学生实体集的学号属性，就是键（码）。

（4）联系（Relation）。实体之间互相作用。互相制约的关系称为实体集的联系。实体之间的联系有四种：一对一关系、一对多关系、多对一关系、多对多关系。图 2-1 分别表示了这四种关系。

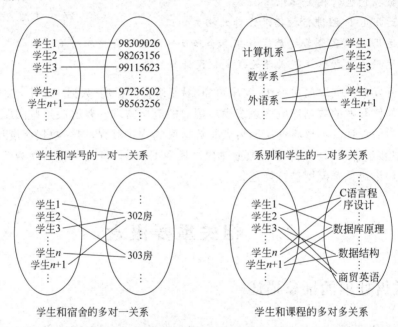

图 2-1　实体之间的联系

3. 机器世界

机器世界又称数据世界，信息世界中的信息经过抽象和组织，以数据形式存储在计算机中，就称为机器世界。与信息世界一样，机器世界也有其常用的、用来描述数据的术语，这些术语与信息世界中的术语有着对应的关系。

（1）字段（Field）。字段也称数据项（Item），标记实体的一个或多个属性叫作字段，在表中每一列称为一个字段。例如学生情况表中的学号、姓名、性别等都是字段。字段与信息世界的属性相对应。

（2）记录（Record）。记录是有一定逻辑关系的字段的组合。它与信息世界中的实体相对应，一个记录可以描述一个实体。在学生情况表中，学生就是一个实体，它包含了学号、姓名、班级、年龄、性别等字段。在表中每一行称为一个记录。

（3）文件（File）。文件是同一类记录的集合。文件的存储形式有很多种，如顺序文件、索引文件、直接文件、倒排文件等。

4. 三个世界的转换

由以上对三个世界的描述可以看到,从现实世界到信息世界再到机器世界的转换中,数据事物被一层层抽象化,符号化、结构化、逻辑化,这一系列转换过程前后连接,是数据库设计的逻辑脉络。图 2-2 示意出根据现实世界的实际事物优化设计数据库的主要过程,首先现实世界的实际事物通过建模转换为信息世界的概念模型,然后概念模型经过模型转换,得到机器世界使用的数据模型,最后数据模型进一步规范化,形成科学、规范、合理的实施模型——数据库结构模型。

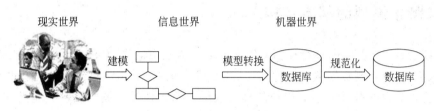

图 2-2　实体之间的联系

表 2-1 表示了转换过程中概念的逻辑联系。

表 2-1　三个世界概念的转换

现实世界	信息世界	机器世界
事物	实体集	文件
	实体	记录
特性	属性	数据项
唯一特征	键(码)	关键字

2.1.2　数据模型

上面我们谈到了现实世界到信息世界和信息世界到机器世界的两个转换过程。这个过程也就是数据不断抽象化、概念化的过程,那么如何对现实世界和信息世界进行抽象呢? 答案就是数据模型。

数据模型分为以下两种。

1. 概念模型

概念模型,即信息模型,它反映了数据从现实世界到信息世界的转换结果,不涉及计算机软硬件的具体细节,而注重于符号表达和用户的理解能力,典型的概念模型有著名的"实体-联系模型(E-R 模型)"。

2. 结构数据模型

结构数据模型反映了从信息世界到机器世界的转换结果,描述了计算机中数据的逻辑结构,还涉及信息在存储器上的具体组织。结构数据模型有严格的定义,可用专门的语言来表述。一个完整的结构数据模型必须包括数据结构、数据操作及完整性约束 3 个部分。数据结构描述实体之间的构成和联系;数据操作是指对数据库的查询和更新操作;数据的完整性约束则是指施加在数据上的限制和规则。

由于结构数据模型直接表达数据存放在计算机中的组织结构,所以在一般情况下,提到数据模型就是指结构数据模型。

常见的结构数据模型有层次模型、网状模型和关系模型。采用上述模型之一构建的数据库管理系统则分别被称作层次数据库系统、网状数据库系统和关系数据库系统。

2.1.3 概念模型的基本结构

通过前面的学习可知,概念模型是用来抽象表达现实世界中客观事物的特征数据与事物间的联系,从而实现数据从现实世界到信息世界的转换,它不涉及计算机软硬件的具体细节,而注重于数据的符号表达和用户的理解效果。那么科学的概念模型究竟是什么样呢?美籍华人陈品山给出了经典的描述,他于 1976 年提出实体-联系模型(Entity-Relation Model,简称 E-R 模型、E-R 图),用图形的方式简单明了地表达了信息世界的实体、属性和联系三要素。设计绘制 E-R 模型的图素如图 2-3 所示。

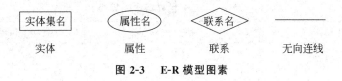

图 2-3　E-R 模型图素

1. 实体

实体(entity)是现实世界中客观存在并且可以相互区别的事物和活动的抽象。具有相同特征和性质的同一类实体的集合称为实体集,可以用实体集名及其属性名集合来抽象和刻画。在 E-R 图中,实体集用矩形表示,矩形框内写实体集名称,如图 2-3 所示。例如,若干个学生是一个实体,可以用名称是"学生"的实体集来表示。

2. 属性

属性(attribute)即实体所具有的某一特性,一个实体可由若干个属性来刻画。E-R 图中用椭圆形表示属性,如图 2-3 所示。属性用无向连线与相应的实体连接起来,如图 2-4 所示。例如,学生的学号、姓名、性别、出生日期都是属性。

图 2-4　学生实体集及其属性画法

3. 联系

联系(relationship)即实体集之间的相互关系,在 E-R 图中用菱形表示,菱形框内写明联系名,如图 2-3 所示。联系用无向连线分别与相关实体连接起来,同时在无向连线旁边标上联系的类型 1∶1(一对一)、1∶n(一对多)或 m∶n(多对多),如图 2-5～图 2-7 所示。例如,实体集院长与学院之间存在管理联系、仓库与商品之间存在存放联系、教师与课程之间存在讲授联系。

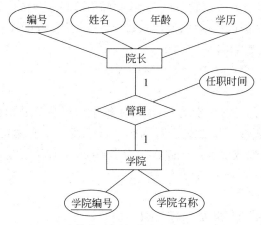

图 2-5　实体集院长与学院之间一对一联系

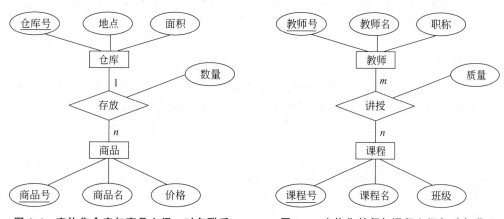

图 2-6　实体集仓库与商品之间一对多联系　　　图 2-7　实体集教师与课程之间多对多联系

需要注意的是,联系可以有属性,表达的是由于实体间存在这个联系,才有了这个属性。例如,仓库与商品之间存在"存放"联系,才有"数量"这个属性,它属于联系上面的属性;教师与课程有"讲授"联系,才有"质量"这个属性。

1)一对一的联系

一对一的联系(1∶1)中,实体集 A 中的一个实体至多与 B 中的一个实体相联系,B 中的一个实体也至多与 A 中的一个实体相联系。例如,院长与学院这两个实体集之间即是一对一的联系,因为一个学院只有一个院长,反过来,一个院长只管理一个学院。院长、学院两个实体集的 E-R 模型如图 2-5 所示。

2)一对多的联系

一对多的联系(1∶n)中,实体集 A 中的一个实体与 B 中的多个实体相联系,而 B 中的一个实体至多与 A 中的一个实体相联系。例如,仓库与商品这两个实体集之间的联系是一对多的联系,因为一个仓库可存放若干种商品,反过来,一种商品只可存放在一个仓库中。

仓库、商品两个实体集的 E-R 模型如图 2-6 所示。

　3）多对多的联系

　多对多的联系（$m:n$）中，实体集 A 中的一个实体与 B 中的多个实体相联系，而 B 中的一个实体也与 A 中的多个实体相联系。例如，教师与课程这两个实体集之间的联系是多对多的联系，因为一名教师可讲授多门课程，反过来，一门课程也可被多名教师讲授。教师、课程两个实体集的 E-R 模型如图 2-7 所示。

4. 主码

　实体集中的实体彼此是可区别的，如果实体集中的属性或最小属性组合的值能唯一标志其对应实体，则将该属性或属性组合称为码。对于每一个实体集，可指定一个码为主码（主关键字）。当一个属性或属性组合被指定为主码时，在 E-R 图中需在该属性（属性组合）下用下画线做标记，如图 2-4～图 2-7 所示。

2.1.4　结构数据模型的基本结构

　典型的结构数据模型有层次模型、网状模型和关系模型。前两种当前已基本不再使用，我们只对它们做简单介绍。

1. 层次模型

　层次模型（Hierarchical Model）的数据结构是树，因此，层次模型用树形结构来表示实体及它们之间的联系。图 2-8 所示的是我国行政区域结构图和它所对应的树。

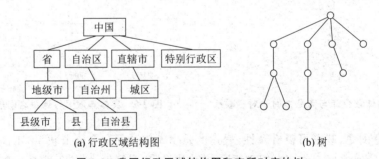

(a) 行政区域结构图　　　　　　　　　　(b) 树

图 2-8　我国行政区域结构图和它所对应的树

　层次模型的每一个结点最多只能有一个父结点，根结点没有父结点。所以父结点和子结点的关系是 $1:m$ 的关系，如果要表达 $m:n$ 的关系则需要借助其他方法。

　层次数据库系统的典型代表是 IBM 公司研制的信息管理系统（Information Management System）。

2. 网状模型

　网状模型（Network Model）的数据结构是有向图，网状模型使用网络结构表示实体及它们之间的联系。图 2-9 所示为出售关系的网络。

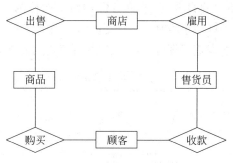

图 2-9　出售关系网络

从图中可以看到,网络模型中结点之间的联系是多对多的联系,这是网络模型的典型特点,如果需要表示一对多关系,则须对原模型进行分解。

3. 关系模型

关系模型是应用最为广泛的一种结构数据模型,它以二维表的形式表示实体数据和实体之间关系等信息的数据库模型,其中,由于二维表在数学公式中一般称为关系(关系表),因此把这种模型称为关系模型。图 2-10 是一个关于学生、课程、成绩的关系模型。

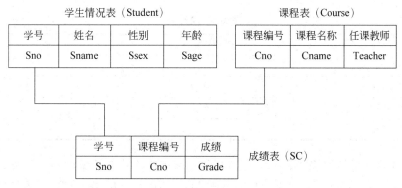

图 2-10　学生、课程、成绩的关系模型

在关系模型中,基本元素包括属性、关系模式、域、元组和键码等。

(1)属性:关系(表)中的列称为属性。每一列有一个属性名。在实际系统中,有时也称为"字段"。

(2)关系模式:关系名和关系的属性集称为关系的模式。通常简记为:关系名(属性名1,属性名2,…,属性名 n)。例如,学生(学号,姓名,性别,年龄)。

(3)域:属性的取值范围。例如,成绩的取值范围是 0~100。

(4)元组:关系中除了第一行的属性名外,其余的行称为元组,也称为记录,如表 2-2 中给出了 4 元组。

(5)键码:关系中的某个属性组,它们的值唯一地标志一个元组,则称该属性组为候选码。若一个关系有多个候选码,则选定其中一个为主码。键码也称为关键字。主码也称为主关键字、主键。

所以,一个关系模型由若干个关系模式组成;关系模式就是元组(记录)的类型,是命名的属性集合；元组则是属性值的集合；一个关系模式的实例称为关系或关系表（简称表），它是元组的集合。每个元组表示一个实体，一个关系就是同类型实体的集合。

下面 3 个二维表就分别表达了图 2-5 中 3 个关系模式的实例，如表 2-2～表 2-4 所示。

表 2-2 学生情况表

学 号	姓 名	性 别	年 龄
98030801	蒋君	男	21
98452369	黎明	男	21
99215036	汪霏	女	20
99321569	李宁	男	20

表 2-3 课程表

课程编号	课程名称	任课教师
10001	数据库原理	庞林
20003	商贸英语	邱明
50012	财务会计	江峰
10018	经济学原理	林灵

表 2-4 成绩表

学 号	课程编号	成 绩
98030801	10001	95
99215036	20003	98
98452369	50012	70
99321569	10018	75

在表 2-2 的学生情况表中，一共有 4 列，每一列都代表了实体集的一个属性，也就是说，学生情况实体集包括的学号、姓名、性别、年龄共 4 个属性。表的行数为 5，去掉属性名的第一行，共有 4 行，这 4 行每行都代表一个单独的实体。

二维表不但可以用来表示实体集，还可以表示实体集之间的联系，例如表 2-4 成绩表就表示了学号、课程编号、课程成绩之间的联系。

从上面的介绍中可知，一个关系实际上是一张二维表。关系模型使用二维表表达实体和实体间的联系，简单易懂，很容易学习。

2.1.5　关系数据库的范式

在设计关系模型时，不是随便哪种关系模式设计方案都可行，更不是任意一种关系模式都可以投入应用，一个好的关系模式必须满足范式要求。

1. 不规范的关系模式引起数据异常

不恰当的关系模式可能导致的一系列问题。例如，学生基本情况表关系模式如下：

学生情况(学号,姓名,性别,出生日期,班级名称,班主任,所在部门,部门负责人)

在这个关系模式中,一个学生只能在一个班级,一个班级可以有很多学生,该关系在使用过程中存在以下 4 个方面的数据异常。

1)数据冗余

每当输入一个学生的基本情况时,该学生的班级名称、班主任、部门名称、部门负责人等信息就重复存储一次。一般情况下,同一个班学生的班主任是相同的,数据冗余不可避免,这将导致关系中的数据冗余度相当大。数据库中不必要的重复存储就是数据冗余,如表 2-5 所示。

表 2-5　数据冗余

学　号	姓名	性别	出生日期	班级名称	班主任	所在部门	部门负责人
1999010201	王凡	男	1979.10	99 计 2	徐纹星	计算机系	姜劲单
1999010202	张丰	男	1979.07	99 计 2	徐纹星	计算机系	姜劲单
1999010413	孙文	女	1980.09	99 计 4	王修洪	计算机系	姜劲单
2000010101	武强	男	1980.11	00 计 1	李长风	学生科	刘海淘
2000010102	肖利	女	1981.01	00 计 1	李长风	学生科	刘海淘

2)插入异常

如果学校又新招聘了班主任教师,所担任的班级学生还没有录取,这样,由于还没有"学号"关键字,致使班主任数据无法录入数据库。

3)更新异常

由于数据的重复存储,会给更新带来很多麻烦。比如计算机系部门负责人改变了,那么所有元组的"部门负责人"值都会更新,一旦某个元组的"部门负责人"属性值未修改就会导致数据不一致。数据的不一致直接影响系统的质量。这种关系模式不仅所要修改的数据量大,潜在的数据不一致危险性也大。

4)删除异常

学生基本情况表中的"所在部门"和"部门负责人"是指班主任老师所在部门以及部门负责人。如果某班学生毕业,删除了该班学生全部信息,则同时也没有了该班班主任老师归属部门数据。这不是我们所期望的结果,但此种关系模式就会产生这种删除异常情况。

产生这些异常的原因是关系模式设计得不好所造成的。如何避免和克服这类异常,是系统分析的设计人员必须考虑的问题。如果事先没有考虑好,待系统建立之后发现问题再返回去修补,不仅费事费力,而且可能已不能够彻底解决问题。如果在一开始设计时就用下面 4 个关系模式来代替原来一个关系模式,这些数据异常问题就可以基本得到解决。

学生表(学号,姓名,性别,出生日期)

班级表(班级代码,班级名称,班主任)

教师表(教师编号,教师姓名,所在部门,……)

部门表(部门代码,部门名称,部门负责人)

这 4 个关系不是孤立的,它们相互关联,构成了整个系统的模型。各个关系之间的联系通过外关键字反映出来。具体来说,学生表和班级表通过"班级代码"属性相联系;班级表和教师表通过"班主任"属性相联系;教师表和部门表通过"所在部门"属性相联系。当处理问题需要时,以这些外关键字为"桥梁"对有关的关系进行自然连接,则可恢复原来的关系中各字段间的联系。

实际上,像上面的这 4 个没有数据异常的关系模式,通常说它们是规范化的关系模式。也就是说,要想设计出没有异常的整个系统的关系模型,必须规范化其中的每个关系模式。那么什么是关系模式的规范化呢?

2. 关系模式的规范化

在数据库设计过程中,对关系模式进行检查和修改,并使它符合范式要求的过程叫作规范化。关系数据库范式理论是数据库设计要遵守的准则,数据库结构必须要满足这些准则,才能确保数据的准确性和可靠性。这些准则称为规范化形式,即范式。

范式按照规范化的级别分为 5 种,从低到高依次是,第一范式(1NF)、第二范式(2NF)、第三范式(3NF)、第四范式(4NF)和第五范式(5NF)。通常情况下,关系模型规范到第三范式就可以了。下面对前三个范式分别进行介绍,首先需要明确几个基本概念。

1) 函数依赖

设 X、Y 是关系模式 R 的两个属性或属性组。

(1) 函数依赖:关系模式 R 中,若对于属性 X 的任一个具体值,属性 Y 有唯一一个具体值与之对应,则称 Y 函数依赖 X,或 X 函数决定 Y,记作 $X \rightarrow Y$,X 称作决定因素。

(2) 非平凡的函数依赖:如果 $X \rightarrow Y$,并且 Y 不是 X 的子集,则称 $X \rightarrow Y$ 是非平凡的函数依赖。

(3) 平凡的函数依赖:若 Y 是 X 的子集,则称 $X \rightarrow Y$ 是平凡的函数依赖。全体能够决定部分。

例如,设有关系 R(职工号,基本工资,奖金)如下,一个职工号唯一确定一个基本工资数和一个奖金额。

职工号	基本工资(元)	奖金(元)
011	890.00	500.00
012	720.00	500.00
013	680.00	800.00
014	890.00	800.00

例中存在如下函数依赖且是非平凡的函数依赖:职工号→基本工资;职工号→奖金。但反过来则不存在这种联系,因为基本工资 890.00 元对应两个职工号 011 和 014,奖金500.00 元和 800.00元也分别对应两个职工号,即基本工资↛职工号;奖金↛职工号;基本工资↛奖金。还存在平凡函数依赖(职工号,基本工资)→基本工资等。

(4) 完全函数依赖:设 $X \rightarrow Y$ 是关系模式 R 的一个函数依赖,如果存在 X 的真子集 X′,使得 X′→Y 成立,则称 Y 部分依赖于 X,记作 $X \xrightarrow{P} Y$;否则,称 Y 完全依赖 X,记作 $X \xrightarrow{F} Y$。

例如,设有关系模式:成绩(学号,课程号,成绩,学分)。

在这个成绩关系模式中,由于一个学生可以选修多门课程,一门课程可有多个学生选修,因此属性集合(学号,课程号)中的任何一个属性都不能确定成绩。也就是说,成绩只能由某个学生、某门课程两个属性共同来确定它的值,即属性组合(学号,课程号)唯一决定成绩。课程学分则可直接由课程号决定,即课程号→学分。可以表示成如下形式:

（学号,课程号)→^{F} 成绩(完全函数依赖)

（学号,课程号)→^{P} 学分(部分函数依赖)

（5）传递依赖：在同一关系模式中,如果存在非平凡函数依赖 X→Y,Y→Z,而 Y！→X,则称 Z 传递依赖于 X。

定义的条件 X→Y,并强调 Y！→X 十分必要。如果 X、Y 互相依赖,实际上处于等价地位,X→Z 则为直接函数依赖,并非传递依赖。

例如,设有关系模式(学号,姓名,所在系编号,系名称,系地址)。

通过分析可知,由于一个系里有多名学生,而一个学生只能归属一个系,一个系有一个确定的地址,故此关系存在如下函数依赖：学号→所在系编号,但所在系编号！→学号,所以学号→系地址是传递依赖。

2）关键字

假设用大写的 U 表示一个关系的属性全集,R(U)表示关系模式,用 X、Y、K 等表示 U 中的一个或几个属性的组合。下面通过函数依赖的概念对关键字(键码)做出精确的形式化定义。键码分为候选码和主码两种。

（1）候选关键字：在关系模式 R(U)中,K 是 U 中的属性或属性组。如果 K 完全函数决定整个元组,即 K→^{F}U,则称 K 为关系 R(U)的一个候选关键字。

（2）主关键字：R(U)中若有一个以上的候选关键字,则选定其中一个作为主关键字。

（3）主属性：把包含在任一候选关键字中的属性称为主属性。

（4）非主属性：不包含在任何候选关键字中的属性称为非主属性。

例如,在关系模式成绩(学号,课程号,成绩,学分)中,属性组(学号,课程号)是候选关键字,也是主关键字；学号,课程号是主属性；成绩,学分是非主属性。

3）第一范式(1NF)

在关系模式 R 的每一个具体关系 r 中,如果每个属性值都是不可再分的最小数据单位,即原子值,则称 R 是第一范式的关系,记为 R∈1NF。

不属于 1NF 的关系称为非规范化关系。数据库理论研究的都是规范化关系,而现实中经常采用复式表格(表中有表),如何将普通的复式表格规范为关系呢？下面通过两个实例来说明问题。

【例 2-1】　将表 2-6 规范成 1NF 的关系。

表 2-6　不规范表甲

编　　号	姓　　名	电 话 号 码
1001	陈述	85280335(O)
1001	陈述	85280680(H)
1002	莫强	85251879
1003	周期	85120188(O)
1004	周期	85125736(H)
1005	李清泉	85207768
1006	杨柳	85123689

可以用三种方法把表 2-6 规范成 1NF 关系：①像表中那样,重复存储职工编号和姓名。

39

此时,关键字只能是电话号码。如果单独查阅此关系问题不大,若通过职工号与其他关系连接,由于职工编号不能做关键字,则可能造成大量冗余;②保留职工编号的关键字地位,把电话号码分别用单位电话和住宅电话两个属性表示。这样会使只有一个电话号码的元组出现空属性值,由于电话号码不是关键字,允许出现空值;③保留职工编号的关键字地位。维持原模式不变,但强制每个元组只输入一个电话号码。

以上三种选择,第一种最不可取,后两种可根据实际需要确定一种。

【例 2-2】 将表 2-7 规范成 1NF 的关系。

如果各单位只有一名副主任,可将关系模式设计成:单位(单位名称,地址,主任,副主任)。若有一个以上的副主任,则应该需要设"副主任 1,副主任 2,…"几个单独属性,或者限定只录入一个副主任。

表 2-7　不规范表乙

单位名称	地 址	负责人	
		主 任	副主任
数学系	1 号楼 308#	李力学	章于 同心 林立
外语系	2 号楼 508#	孙函	武艺 钏天才

4) 第二范式(2NF)

在符合 1NF 前提下,如果关系模式 R(U)中的所有非主属性都完全函数依赖于任意一个候选关键字,则称关系 R 属于第二范式,记为 R∈2NF。

满足第一范式的关系仍可能出现问题,例如,有成绩关系模式(学号,课程号,成绩,学分)。稍加分析可知此关系存在以下函数依赖:(学号,课程号)→成绩,课程号→学分,组合属性(学号,课程号)是关键字。

在实际使用中该关系模式会出现下列问题。

(1) 数据冗余。每当一名学生选修一门课程时,该课程的学分就重复存储一次。假设同一门课被 60 名学生选修,学分就重复 60 次。不仅浪费存储空间,更重要的是由于输入错误容易造成数据不一致。

(2) 更新异常。如果调整了该课程的学分,每个相应元组的学分值都要更新。这不仅增加了更新的代价,而且有潜在的数据不一致性。如果某些元组没有同时修改,则会出现同一门课有两种不同学分的怪现象。

(3) 插入异常。如果学校计划增开新课,准备下学期提供给学生选修,应当把新课的课程号及学分插入选课关系模式中。但由于是新课暂无人选修,这样就会缺少学号,关键字不完全,不能插入。只能等有人选修了这些课程之后,才能把课程和学分存入关系中。

(4) 删除异常。如果学生已修完课程毕业,要从当前数据库中删除选修记录,则有关的课程及学分也将无法保留,这显然是极不合理的。

本例中出现的异常现象,原因在于关系模式中的非主属性"学分"仅函数依赖于主属性"课程号",即课程号→学分,也就是说,非主属性"学分"部分依赖组合关键字(学号,课程号），而不是完全依赖。为克服上述弊病，需将该关系模式范式级别提高至 2NF。

若想将上述成绩关系模式规范成 2NF 的关系，须消除属性之间的部分依赖。把成绩关系模式（学号，课程编号，成绩，学分）分解为两个关系模式代替原来的设计：成绩（学号，课程编号，成绩）、课程（课程编号，学分），新分解的这两个关系模式都符合 2NF。

5）第三范式（3NF）

在符合 2NF 前提下，如果关系模式 R(U) 中的所有非主属性对任何候选关键字都不存在传递依赖，则称关系 R 属于第三范式，记为 R∈3NF。

在有些情况下，满足第二范式的关系仍然可能出现问题，如学生关系模式（学号，姓名，所在系编号，系名称，系地址）关键字"学号"函数决定各个属性。因是单属性关键字，不存在部分依赖的问题，故属于 2NF。但此关系中仍存在大量冗余，有关学生所在系的几个属性将重复存储，且重复量随学生人数的增加而增加。在插入、删除或修改元组时也将产生类似上面所讲的异常情况。因此，仍有进一步提高关系范式级别的必要。

分析产生问题的原因，是由于关系中存在传递依赖造成的。即关键字"学号"不是直接函数决定非主属性系地址，而是通过传递依赖学号→系地址（学号→所在系编号，所在系编号→系地址）实现对系地址的函数决定的。

要把符合 2NF 的学生关系模式（学号，姓名，所在系编号，系名称，系地址）提升为符合 3NF，目标是消除关系模式的传递依赖，则应设法通过分解将原来的传递依赖属性放到不同的关系模式中。可把原来的学生关系模式分解成如下两个关系模式。

（1）学生（学号，姓名，所在系编号）。

（2）系（所在系编号，系名称，系地址）。

3. 关系数据库规范化实例

设有教师任课关系模式（教师编号，教师姓名，职称，住址，系编号，系名称，系地址，课程号，课程名，教学水平，学分），将其逐级规范化。

经分析，该关系模式有以下函数依赖：（教师编号，课程号）→U（U 表示关系的属性全集），所以（教师编号，课程号）是关键字。由于课程号→（课程名，学分），教师编号→（教师姓名，职称，住址），存在非主属性对关键字（教师编号，课程号）的部分依赖，因此该关系模式不是 2NF。为了消除部分依赖，将该关系模式分解成以下三个关系模式。

（1）任课（教师编号，课程号，教学水平），关键字是（教师编号，课程号）。

（2）教师（教师编号，教师姓名，职称，住址，系编号，系名称，系地址），关键字是教师编号。

（3）课程（课程号，课程名，学分），关键字是课程号。

在教师任课关系模式中，组合关键字（教师编号，课程号）完全函数决定"教学水平"，其他两个关系都是单属性关键字。因此，这三个关系模式中均不存在非主属性对关键字的部分依赖，它们都是 2NF 的关系模式，即这个关系数据库模型属于第二范式。

但在教师关系模式中，教师编号→系编号，系编号→系名称，系编号→系地址，故非主属性"系名称"和"系地址"传递依赖于关键字"教师编号"，所以关系模式教师不是 3NF。为了消除传递依赖，再将关系教师进一步分解成以下两个关系模式。

（1）教师（教师编号，教师姓名，职称，住址，系编号），关键字是教师编号。

（2）系（系编号，系名称，系地址），关键字是系编号。

经几次分解，最终得到下面 4 个关系模式代替最初的教师任课关系模式。

（1）任课（教师编号，课程号，教学水平）。

（2）课程（课程号，课程名，学分）。

（3）教师（教师编号，教师姓名，职称，住址，系编号）。

（4）系（系编号，系名称，系地址）。

在这 4 个关系模式组成的关系模型中消除了传递依赖，达到了 3NF。

4. 关系数据库规范化总结

关系模式的规范化是关系到数据库设计质量的重要概念。

（1）目的：规范化的目的是使数据库结构趋于合理，消除存储异常，使数据冗余尽可能小，便于插入、删除和更新数据。

（2）原则：遵从概念单一化"一事一处"的原则，即一个关系模式描述一个实体或实体间的一种联系。规范化的实质就是概念单一化，不要把几样东西捆绑在一起。基本关系切忌"大而全"，在由若干个基本关系模式组成的关系模型基础上，可根据应用需要通过自然连接导出所需要的各种关系。

（3）方法：将不符合范式要求的关系模式分解成两个或更多的关系模式。

（4）要求：分解后的关系模式集合应当与原关系模式"等价"，即经过自然连接可以恢复原关系而不丢失信息，并保持属性间合理的联系。必须注意，一个关系模式经过分解可以得到不同的关系模式集合，即分解方法不是唯一的，最小冗余的要求必须以分解后的数据库能够表达原来数据库所有信息为前提来实现。

2.2 数据库设计过程

2.2.1 数据库设计阶段简述

严格地讲，本书讲解的数据库设计是数据库系统设计的一部分。数据库系统设计是建立数据库及其应用系统的技术，是信息系统开发过程中的关键技术。数据库系统设计的主要任务是对于一个给定的应用环境（如某学校的教学管理活动），根据用户的各种需求，构造出最优的数据库模式，建立数据库及其应用系统，使之能够有效地对数据进行管理。所以数据库系统设计的内容主要有两个方面，分别是结构特性设计和行为特性设计。

结构特性设计是指确定数据库的数据模型，在满足要求的前提下尽可能地减少冗余，实现数据共享。这就是本书重点讲解的数据库设计。

行为特性设计是指确定数据库应用的行为和动作，应用的行为由应用程序体现，所以行为特性的设计主要是应用程序的设计。

在数据库领域中，通常会把对数据库的各类应用称为数据库应用系统。因此，在进行数据库设计时，要和应用系统的设计紧密联系起来，也就是把结构特性设计和行为特性设计紧密结合起来。

从数据库应用系统开发的全过程考虑,将数据库设计归纳为五大步骤,如图 2-11 所示。

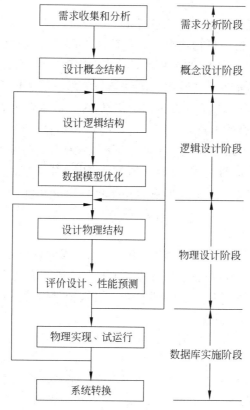

图 2-11　数据库设计阶段

(1) 需求分析。

(2) 概念结构设计。

(3) 逻辑结构设计。

(4) 数据库物理设计。

(5) 数据库实施。

限于编写重点和篇幅,本书以项目"卖赛扣"饭店网络点餐数据库开发为例,重点讲解五大步骤中的概念设计、逻辑设计,其他步骤只作一般性概念介绍。

2.2.2　需求分析

需求分析就是分析用户的各种需求。进行数据库设计首先必须充分了解和分析用户的需求(包括数据与处理)。作为整个设计过程的起点,需求分析是否充分和准确,决定了在其上构建数据库的速度与质量。需求分析没做好,会导致整个数据库设计不合理、不实用,必须重新再设计。

需求分析的任务,就是对现实世界要处理的对象进行详细调查,充分了解现有系统的工作情况或手工处理工作中存在的问题,尽可能多地收集数据,明确用户的各种实际需求。在此基础上确定新的系统功能，新系统还要充分考虑今后可能的扩充与改变，不能仅按当前应用需求来设计。

调查用户实际需求通常按以下步骤进行。

（1）调查现实世界的组织机构情况。确定数据库设计与组织机构中的哪些部门相关，了解这些部门的组成情况及职责，为分析信息流程做准备。

（2）调查相关部门的业务活动情况。要调查相关部门需要输入和使用什么数据，这些数据该如何加工与处理，各部门需要输出哪些信息，这些信息输出到哪些部门，输出信息的格式是什么，这些都是调查的重点。

（3）在熟悉了业务活动的基础上，协助用户明确对新系统的各种实际需求，包括信息要求、处理要求、安全性与完整性要求，这也是调查过程中非常重要的一点。

（4）确定新系统的边界。对前面的调查结果进行初步分析，确定哪些功能现在就由计算机完成，哪些功能将来准备让计算机完成，哪些功能由人工完成。由计算机完成的功能就是新系统应该实现的功能。

在调查过程中根据不同的问题与条件，可以采用不同的调查方法。

（1）开调查会。通过与用户座谈的方式来了解业务活动情况及用户需求。

（2）设计调查表请用户填写。提前设计一个合理地针对业务活动的调查表，并将此表发给相关的用户进行针对性调查。

（3）查阅记录。查阅与原系统有关的数据记录。

（4）询问。对某些调查中的问题，可以找专人询问。

（5）请专人介绍。请业务活动过程中的用户或对业务熟练的专家介绍业务相关知识和活动情况，设计人员从中了解并询问相关问题。

（6）跟班作业。通过亲自参与各部门业务活动来了解用户的具体需求，但是这种方法比较耗时。

调查过程中的重点在于"数据"与"处理"。通过调查、收集与分析，获得用户对数据库的如下要求。

（1）信息要求。指用户需要从数据库中获得信息的内容与实质。也就是将来要往系统中输入什么信息及从系统中得到什么信息，由用户对信息的要求就可以导出对数据的要求，即在数据库中需存储哪些数据。

（2）处理要求。用户要实现哪些处理功能，对数据处理响应时间有什么样的要求及要采用什么样的数据处理方式。

（3）安全性和完整性要求。数据的安全性措施和存取控制要求，数据自身的或数据间的约束限制。

了解了用户的实际需求以后，还需要进一步分析和表达用户的需求。在众多的分析方法中，结构化分析方法（Structured Analysis，SA）是一种简单实用的方法。SA方法从最上层的系统组织结构入手，采用自顶向下、逐层分解的方式分析系统。

经过需求分析阶段后会形成系统需求说明书，说明书中要包含数据流图、数据字典、各类数据的统计表格、系统功能结构图和必要的说明。该说明书在数据库设计的全过程中非常重要，是各阶段设计所依据的文档。

2.2.3 概念结构设计

概念结构设计是整个数据库设计的关键,是将需求分析阶段得到的用户需求进行总结、归纳,并抽象成概念模型的过程。

接下来介绍"卖赛扣"饭店网络点餐数据库 E-R 图设计,展示概念结构设计过程。

1. 项目背景介绍

"卖赛扣"饭店是一家小型餐饮店,主要服务于所在区域的社区客户。该店常用的订餐方式是进行电话预约。随着区域内商家的增加,市场竞争越来越激烈,饭店运营与发展受到制约。为打破僵局,饭店经营者决定在互联网上开设一家—"卖赛扣"网上餐饮超市,开发饭店经营管理 Web 应用系统,以期通过现代信息化技术手段提高饭店工作效率、管理效率;减少人力、物力资源的浪费,降低成本;宣传饭店诚信形象、食材卫生安全、菜品口味特色,更方便快捷地满足顾客的就餐需要,扩大会员群体和服务区域范围,从而提升饭店知名度,提高经济效益和整体竞争力。

该系统具备菜品管理、网络点餐管理、会员信息管理、顾客就餐服务管理、食材管理、外卖派送管理、评价管理等功能,计划采取分步开发实施策略,首先第一期开发菜品管理、网络点餐管理、会员信息管理。

2. 需求任务要求

设计第一期开发所需数据库的实体-联系模型(E-R 图)。根据项目的需求分析,总结出需满足如下条件。

(1) 菜品特征数据要完备,具有菜品外观信息、菜品分类的信息。

(2) 每个会员要标记会员等级,各个会员等级有不同的获得条件。不同的会员等级订购菜品的折扣率不一样。一个会员在某一时点上只有一个等级,一个等级下可以有多个会员。

(3) 会员登录系统,进行网络点餐,提交后即形成一个订单,产生一个独立的订单号。

(4) 网络点餐提交成功后,可结束退出,也可进行新一次网络点餐。

(5) 会员网络点餐不提交即作为废单,不做记录。

(6) 详细记录点餐相关信息,包括点餐订单产生日期和时间、订购的每种菜品及数量、订单当前执行状态(预约、执行、完成、失败等)、约定的就餐日期和时间、订单执行提醒(倒计时、需预付、催服务、催付款等)等数据。

3. 模型设计步骤

在设计 E-R 图时应遵循以下原则。

(1) 尽量减少实体集的数量,能作为属性时不要作为实体集,但如果某属性需要进一步描述,或与其他实体有联系,则应将其设计为实体。

(2) 作为属性的事物,不能再有需要描述的特征(属性),也不能与其他实体有联系。

(3) 作为属性的事物与所描述的实体间只能是 $1:n$(含 $1:1$)的对应关系。

（4）若实体属性较多,则应先做出概念模型的各实体 E-R 图和局部 E-R 图,确定该局部的实体、属性和联系。

（5）综合局部 E-R 图,产生出总体 E-R 图。在综合过程中,同名实体只能出现一次,还要去掉不必要的联系,以便消除冗余。一般来说,从总体 E-R 图必须能导出原来的所有局部视图,包括实体、属性和联系。

模型设计可以按照以下步骤进行。

1）确定实体集、属性及主码,形成实体 E-R 图

分析任务要求的各个细目,直观上符合实体概念的实体集有两个：会员、菜品,但会员有一个属性"会员等级",需要描述等级获得条件、各等级购买菜品的折扣率等多种数据,因此将"会员等级"设计为实体集。同理,菜品的属性"菜品类别"也设计为实体集,命名为"菜品分类"。

最终确定 4 个实体集：会员、菜品、会员等级、菜品分类。确定各实体集属性、主码,并在做主码的属性下用下画线做标记,设计实体 E-R 图,如图 2-12～图 2-15 所示。

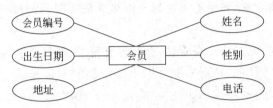

图 2-12　会员实体 E-R 图

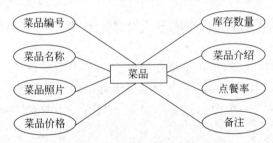

图 2-13　菜品实体 E-R 图

图 2-14　会员等级实体 E-R 图　　　　图 2-15　菜品分类实体 E-R 图

需要明确一个问题,此项目中,订单看似是实际存在的事物,能不能确定为实体呢？回答是不能。因为实体表达的是现实世界中客观存在的事物,而订单是由于会员订购菜品,即两个实体发生联系后而产生的,所以订单不能表达为实体。

2）设计局部 E-R 图

接下来需要确定的是各实体集之间都有什么合理的联系。现实世界具有普遍联系特

性,实体集之间可能会存在着各种各样的联系,必须依据任务要求(需求分析),找出合理的联系,并确定联系的属性和类型。

(1) 会员与菜品之间存在"点餐"联系,如图 2-16 所示。

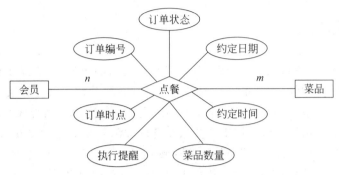

图 2-16　会员点餐局部 E-R 图

(2) 会员与会员等级之间存在"属于"联系,如图 2-17 所示。

图 2-17　会员与会员等级局部 E-R 图

(3) 菜品与菜品类别之间存在"属于"联系,如图 2-18 所示。

图 2-18　菜品与菜品分类局部 E-R 图

3) 局部 E-R 图合并优化得到基本 E-R 图

在合并过程中,评估各个命名的准确性、必要性;保证一个实体集只会出现一次,去掉不必要的联系,以便消除冗余。一般来说,从基本 E-R 图必须能导出原来的所有局部 E-R 图,包括实体、属性和联系。合并结果如图 2-19 所示。

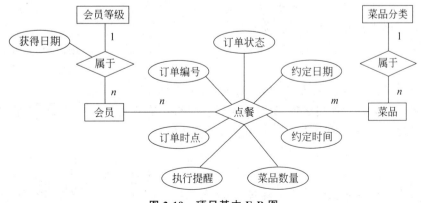

图 2-19　项目基本 E-R 图

47

4）总体 E-R 图

由实体 E-R 图和基本 E-R 图组成总体 E-R 图，形成概念模型，如图 2-12～图 2-19 所示。

2.2.4　逻辑结构设计

概念结构设计阶段得到的 E-R 图是反映了用户需求的模型，它独立于任何一种数据模型，独立于任何一个数据库管理系统。逻辑结构设计阶段的任务就是将上一阶段设计好的 E-R 模型转换为与选用的数据库管理系统产品所支持的数据模型相符合的逻辑结构。

当前数据库应用系统通常采用支持关系模型的关系数据库管理系统，所以这里只讨论关系数据库的逻辑结构设计，介绍如何将 E-R 图向关系模型转换的原则与方法。

关系模型的逻辑结构是一组关系模式的集合。概念结构设计阶段得到的 E-R 图是由实体集、实体集属性和实体集间的联系三个要素组成的。所以 E-R 图向关系模型的转换要解决的问题是如何将实体、属性和联系转换为关系模式，并评估由这些关系模式组成的关系模型是否满足用户需求。因此，逻辑结构设计过程主要分为：初始关系模式转换、规范化处理、模式评价与修正三个步骤。

下面将上一阶段设计的"卖赛扣"饭店网络点餐数据库 E-R 图转换为关系模型，完成该数据库逻辑结构设计。

1. 初始关系模式转换

具体转换应遵循下列原则。

（1）一个实体转换为一个关系模式，实体的属性即为关系的属性，实体的关键字就是关系的关键字。

（2）若是一个 1∶1 的联系，可在联系两端的实体关系中的任意一个关系的属性中加入另一个关系的关键字。

（3）若是一个 1∶n 的联系，可在 n 端实体转换成的关系中加入 1 端实体关系中的关键字。

（4）若是一个 m∶n 的联系，可转换为一个独立关系模式。联系两端各实体关系的关键字组合构成该关系的关键字，组成关系的属性中除关键字外，还有联系自有的属性。

（5）具有相同关键字的关系可以合并。

初始关系模式转换可按以下步骤进行。

（1）该 E-R 图中共 4 个实体集，分别转换为下面 4 个关系模式（用下画线标出主属性，下同）。

- 会员（<u>会员编号</u>，姓名，性别，出生日期，电话，地址）
- 菜品（<u>菜品编号</u>，菜品名称，菜品介绍，菜品价格，菜品照片，点餐率，库存数量，备注）
- 会员等级（<u>等级编号</u>，等级名称，折扣，获得条件）
- 菜品分类（<u>分类编号</u>，分类名称，特色）

（2）共 3 个联系，转换结果如下（用波浪下画线标出外键属性，下同）。

对于 2 个 1∶n 联系，将一方实体集"会员等级""菜品分类"的主关键字"等级编号""分类编号"分别加入对应的多方实体集"会员""菜品"中,完成 1∶n 联系的转换。

- 会员(<u>会员编号</u>,姓名,性别,出生日期,电话,地址,等级编号,获得日期)
- 菜品(<u>菜品编号</u>,菜品名称,菜品介绍,菜品价格,菜品照片,分类编号,点餐率,库存数量,备注)

对于 1 个 n∶m 联系"点餐",转换成独立关系模式"点餐",该关系模式的属性由有联系的两个实体集"会员""菜品"的主码"会员编号""菜品编号"以及该联系的属性组成。但该关系模式的关键字不是实体集"会员""菜品"的主码"会员编号""菜品编号"的组合,这是因为会员订购菜品的业务逻辑允许一次购买多种菜品,也可以多次购买同一种菜品,一次购买产生一个订单数据。组合属性"会员编号,菜品编号"不能函数决定"订单编号",还必须有订单日期时间数据一起才能函数决定"订单编号",因此组合属性"会员编号,菜品编号,订单时点"是"点餐"关系模式关键字。转换结果如下。

点餐(<u>会员编号</u>,<u>菜品编号</u>,<u>订单时点</u>,订单编号,菜品数量,订单状态,约定日期,约定时间、执行提醒)

2. 规范化处理

对数据库的初始关系模型进行规范化处理,首先确定规范化的级别,要求所有的关系模式都达到某一种范式。由于函数依赖是现实环境中最重要、最大量的数据依赖,一般符合 3NF 的要求就可以了。在进行规范化处理时,应根据关系规范化理论逐一考察关系模式,分析函数依赖,逐级进行规范。

经检查发现,在点餐数据库的初始关系模式中,"点餐"关系模式的非主属性"订单编号"没有完全函数依赖关键字"会员编号,菜品编号,订单时点",而是部分函数依赖,是"会员编号,订单时点"→"订单编号",不符合 2NF 要求,需要遵从"一事一处"原则分解"点餐"关系模式。分解的切入点是将反映订单整体情况的属性与反映订单菜品明细的属性分解开。

分解后的两个关系模式重新命名为"点餐订单""订单明细","点餐订单"关系模式有两个关键字"订单编号"和"会员编号,订单时点",选择"订单编号"为主关键字;"订单明细"关系模式的主关键字是"订单编号,菜品编号",它是组合关键字。

下面是分解结果,分解后的关系模式均符合 3NF 要求。

- 点餐订单(<u>订单编号</u>,会员编号,订单时点,订单状态,约定日期,约定时间、执行提醒)
- 订单明细(<u>订单编号</u>,<u>菜品编号</u>,菜品数量)

3. 模式评价与修正

数据库设计的最终目标是满足应用需求。因此,数据库的逻辑结构必须经过模式评价与修正,通过模式评价检查所设计的数据库是否满足用户的功能要求,效率如何,并确定需要修改的部分。模式评价主要包括功能和性能两个方面,具体应注意以下几点。

(1) 对照需求分析的结合,检查规范化后的关系模式集合是否支持用户的所有要求。关系模式中必须包括用户所能访问的所有属性,在设计多个关系的应用中应该确定连接后不丢失信息。如果发现不能支持或不能完全支持的某些应用,则必须进行模式修正。分析产生问题的原因,并确定这些原因所在的设计阶段(逻辑设计、概念设计或需求分析),然后返回到相应设计阶段进行分析、解决。整个开发过程是一个反复修改、调整的迭代过程。

（2）在模式修正时，如果因需求分析、概念设计阶段的疏漏导致不能支持某些应用，则应增加新的局部 E-R 图，并综合到全局 E-R 图中，重新进行优化设计。在数据库设计过程中，返回越远，工作量就越大。因此，系统需求分析阶段的工作应尽量细致，以使反复的工作量相对较小。

（3）如果由于性能原因要求修正，则可采用对模式的合并与分解来解决。合并时关系模式变大，可以提高查询效率，但是可能影响规范化级别。对于以查询为主的应用，可以考虑按模式组合的使用频率进行适当的合并。

经评价分析，开发"卖赛扣"网上餐饮超市项目，其中的一个重要目的是宣传"卖赛扣"饭店诚信形象、食材卫生安全、菜品口味特色，但在初始数据库关系模型中欠缺食材新鲜度数据、菜品食材组成数据，这样削弱了饭店菜品质量在餐饮超市网站上的展示力度。

因此决定进行以下修正：①增加"食材"关系模式。食材(<u>食材编号</u>,食材名称,食材照片,食材特色,采购期间,保质期)，提供食材介绍、食材新鲜度的数据；②在"菜品"关系模式中增加"菜谱"属性。菜品(<u>菜品编号</u>,菜品名称,菜品介绍,菜品价格,菜品照片,菜谱、分类编号,点餐率,库存数量,备注)。提供菜品的构成、制作信息。鉴于第一期开发的规模规格、资源投入、工期要求等因素限制，虽然有关菜谱的信息较多，本次也仅将菜谱数据作为"菜品"属性处理，留待后期开发中再做扩展。

经过反复多次的模式评价和模式修正之后，最终的数据库关系模型得以确定。

4. 点餐数据库逻辑结构设计方案

- 会员(<u>会员编号</u>,姓名,性别,出生日期,电话,地址,等级编号,获得日期)
- 会员等级(<u>等级编号</u>,等级名称,折扣,获得条件)
- 菜品(<u>菜品编号</u>,菜品名称,菜品介绍,菜品价格,菜品照片,菜谱、<u>分类编号</u>,点餐率,库存数量,备注)
- 菜品分类(<u>分类编号</u>,分类名称,特色)
- 食材(<u>食材编号</u>,食材名称,食材照片,食材特色,采购期间,保质期)
- 点餐订单(<u>订单编号</u>,会员编号,订单时点,订单状态,约定日期,约定时间、执行提醒)
- 订单明细(<u>订单编号</u>,<u>菜品编号</u>,菜品数量)

2.2.5 数据库物理设计

数据库在物理设备上的存储结构与存取方法称为数据库的物理结构，它与给定的计算机系统相关。数据库的物理设计，就是为一个给定的逻辑数据模型选取一个最适合应用要求的物理结构的过程。此阶段是以逻辑结构设计阶段的结果为依据，结合具体的数据库管理系统特点与存储设备特性进行设计，确定数据库在物理设备上的存储结构和存取方法。该阶段分以下两步进行。

（1）确定数据库的物理结构，在关系数据库中主要指的是存储结构与存取方法。

（2）从时间效率和空间效率两个方面来对数据库的物理结构进行评价。

如果评价结果满足原设计要求,就能进入数据库实施阶段,否则就要修改或重新设计物理结构,如果还不能满足要求,甚至要回到逻辑结构设计阶段修改数据模型。

2.2.6　数据库实施

在数据库实施阶段,设计人员运用关系数据库管理系统提供的数据语言及其宿主语言,根据逻辑结构设计和物理设计的结果建立数据库,编制和调试应用程序,组织数据入库,并进行试运行。

本　章　小　结

(1) 数据库设计是指对于一个给定的应用环境,构造最优的数据模型,建立数据库及其应用系统,有效存储数据,满足用户的信息要求和处理要求。

(2) 根据现实世界的实体模型优化设计数据库的主要步骤:①现实世界实体模型通过建模转换为信息世界的概念模型(即 E-R 模型);②概念模型经过模型转换,得到数据世界使用的数据模型(在关系数据库设计中为关系模型);③数据模型进一步规范化,形成科学、规范、合理的实施模型——数据库结构模型。

(3) 概念模型是客观世界到信息(概念)世界的认识和抽象,是用户与数据库设计人员之间进行交流的语言。概念模型通过 E-R 图中的实体、实体的属性以及实体之间的联系来表示数据库系统的结构。

(4) 数据模型(结构数据模型)是指数据库中数据的存储结构,是反映客观事物及其联系的数据描述形式。数据库的类型是根据数据模型来划分的,目前成熟地应用在数据库系统中的数据模型有层次模型、网状模型和关系模型。

(5) 关系模型用“二维表”(或称为关系)表示数据之间的联系,即反映事物及其联系的数据描述是以平面表格形式来体现的,记录之间的联系是通过不同关系中的同名属性来体现的。

(6) 把 E-R 图转换为关系模型可遵循如下原则。对于 E-R 图中每个实体集,都应转换为一个关系。该关系应包括对应实体的全部属性,并应根据关系所表达的语义确定哪个属性或哪几个属性组作为关键字。关键字用来唯一标志实体;对于 E-R 图中的联系,情况比较复杂,要根据实体联系方式的不同,采取不同的手段加以实现。

(7) 关系数据库范式理论是在数据库设计过程中将要依据的准则。范式理论按照规范化的级别分为第一范式(1NF)、第二范式(2NF)、第三范式(3NF)、第四范式(4NF)和第五范式(5NF)。在实际的数据库设计过程中,通常需要用到的是前三类范式。

(8) 判断关系模式符合何种范式,需要使用函数依赖概念。

本 章 实 训

1. 实训目的

（1）掌握 E-R 图设计的基本方法，能绘制局部 E-R 图，并集成全局 E-R 图。

（2）运用关系数据库模型的基本知识将概念模型转换为关系模型。

2. 实训内容

1）项目背景

（参照 2.2.3 小节给出的项目背景介绍）。

第一期项目开发投入运行后，"卖赛扣"饭店网上餐饮超市获得可喜成功，为了使饭店提升知名度、扩大客源，现决定开始进行饭店经营管理 Web 应用系统第二期的开发，实现顾客就餐服务管理，对顾客到店就餐消费的信息数据进行信息化管理。

2）任务要求

结合第一期开发的数据库设计方案，设计第二期开发所需数据库关系模型。要求给出实体—联系模型（E-R 图）和数据库逻辑结构方案。

根据项目的需求分析，设计方案应满足如下条件。

（1）会员到店后，有服务人员安排引导，在桌台就座，等待就餐。

（2）为了让会员在符合要求的桌台就餐，桌台特征、状态数据要完备。

（3）若多个会员共同就餐，则记录一个做东（付餐费）的会员情况。

（4）服务人员特征数据要完备，在服务时，应向顾客说明自己的服务职级。

（5）标记服务员职级和获得时间，各个职级有不同的获得条件。职级不同待遇不同。一个服务人员在某一时期只有一个职级，一个职级下可以有多个服务人员。

提示：设计 E-R 图时，可考虑三个实体集之间产生一个联系的情况。

本 章 练 习

1. 选择题

（1）以下（ ）在关系模型中表示属性的取值范围。

    A. 元组　　　　　　B. 键　　　　　　C. 属性　　　　　　D. 域

（2）下列（ ）不能称为实体。

    A. 班级　　　　　　B. 手机　　　　　　C. 图书　　　　　　D. 姓名

（3）以下选项中，（ ）面向数据库设计人员，描述数据的整体逻辑结构。

    A. 概念模式　　　　　　　　　　B. 存储模式

    C. 外模式　　　　　　　　　　　D. 以上选项都不正确

(4) 以下模式之间的映像能体现逻辑独立性的是(　　)。

  A. 外模式/内模式映像　　　　　　　B. 内模式/概念模式映像

  C. 外模式/概念模式映像　　　　　　D. 以上选项都不正确

(5) 以用户编号为主键的用户表(用户编号,用户名,用户等级,享受折扣)不符合(　　)的要求。

  A. 1NF　　　　　　　　　　　　　B. 2NF

  C. 3NF　　　　　　　　　　　　　D. 以上选项都不正确

(6) 一件商品仅有一个分类,而一个分类可有多件商品,则商品与分类的关系是(　　)。

  A. $1:1$　　　　B. $1:n$　　　　C. $n:1$　　　　D. $n:m$

(7) 客观存在的各种报表、图表和查询格式等原始数据属于(　　)。

  A. 机器世界　　　B. 信息世界　　　C. 现实世界　　　D. 模型世界

(8) 关系模型转换时,一个 $m:n$ 联系转换为关系模式时,该关系模式的码是(　　)。

  A. m 端实体的码

  B. n 端实体的码

  C. m 端实体的码与 n 端实体的码的组合

  D. 重新选取其他属性

(9) 数据库的概念模型独立于(　　)。

  A. 具体的机器和 DBMS　　　　　　B. E-R 图

  C. 信息世界　　　　　　　　　　　D. 现实世界

(10) 关系数据模型(　　)。

  A. 只能表示实体间的 $1:1$ 联系　　　B. 只能表示实体间的 $1:n$ 联系

  C. 只能表示实体间的 $m:n$ 联系　　　D. 可以表示实体间的上述 3 种联系

(11) 关系模式中,满足 2NF 的模式(　　)。

  A. 可能是 1NF　　　　　　　　　　B. 必定是 BCNF

  C. 必定是 3NF　　　　　　　　　　D. 必定是 1NF

(12) E-R 图是数据库设计的工具之一,它适用于建立数据库的(　　)。

  A. 概念模型　　　B. 逻辑模型　　　C. 结构模型　　　D. 物理模型

(13) 设有关系模式 EMP(职工号,姓名,年龄,技能),假设职工号唯一,每个职工有多项技能,则 EMP 表的主键是(　　)。

  A. 职工号　　　B. 姓名,技能　　　C. 技能　　　　D. 职工号,技能

(14) 某公司经销多种产品,每名业务员可推销多种产品,且每种产品由多名业务员推销,则业务员与产品之间的关系是(　　)。

  A. 一对一　　　B. 一对多　　　C. 多对多　　　D. 多对一

(15) 构造关系数据模型时,通常采用的方法是(　　)。

  A. 从网状模型导出关系模型　　　　B. 从层次模型导出关系模型

  C. 从 E-R 图导出关系模型　　　　　D. 以上都不是

(16) 设计性能较优的关系模式称为规范化,规范化主要的理论依据是(　　)。

  A. 关系规范化理论　　　　　　　　B. 关系运算理论

　　　　C. 关系代数理论　　　　　　　　　　D. 数理逻辑理论

2. 填空题

（1）人们研究和处理数据的过程中,常常把数据的转换分为现实世界、_____、机器世界三个领域。

（2）在信息世界中,标记实体的一个或多个属性叫作_____。

（3）一个完整的结构数据模型必须包括_____、_____和_____三个部分。

（4）_____模型反映了数据从现实世界到信息世界的转换结果,不涉及计算机软硬件的具体细节,而注重于符号表达和用户的理解能力。

（5）常见的结构数据模型有_____、_____以及关系模型。

（6）在概念模型中,_____是现实世界中客观存在并且可以相互区别的事物和活动的抽象。

（7）在数据库设计过程中,对关系模式进行检查和修改,并使它符合范式要求的过程叫作_____。

（8）在关系模式 R 的每一个具体关系 r 中,如果每个属性值都是不可再分的最小数据单位,即原子值,则称 R 是第_____范式的关系。

第 3 章　MySQL 数据库和表

学习目标
- 理解数据库的结构。
- 掌握创建和管理 MySQL 数据库。
- 掌握创建和管理 MySQL 数据表。
- 了解数据完整约束的功能与作用。
- 掌握建立数据完整性约束的方法。

在前两章我们初步了解了数据库的基础知识及数据库的设计方法,为数据库的开发做好了准备。在这一章中我们将讲述如何创建和管理数据库和表,并通过建立各种数据完整性约束来保证数据的完整性。

3.1　MySQL 数据库

3.1.1　创建数据库

MySQL 安装完成后,要想将数据存储到数据库的表中,首先要创建一个数据库。创建数据库就是在数据库系统中划分一块存储数据的空间。在 MySQL 中,创建数据库的基本语法格式如下。

```
CREATE {DATABASE|SCHEMA} [IF NOT EXISTS]数据库名
[[DEFAULT] CHARACTER SET[=]字符集
[DEFAULT] COLLATE[=]校对规则名称];
```

说明如下。

(1) 花括号"{"表示必选项;中括号"]"表示可选项;竖线"|"表示分隔符两侧的内容为"或"的关系。在上面的语法中,{DATABASE | SCHEMA}表示要么使用关键字 DATABASE,要么使用 SCHEMA,但不能全不使用。

(2) [IF NOT EXISTS]:可选项,表示在创建数据库前进行判断,只有该数据库目前尚未存在时才执行创建语句。

(3) 数据库名:必须指定,在文件系统中,MySQL 的数据存储区将以目录方式表示 MySQL 数据库。因此,这里的数据库名必须符合操作系统文件夹的命名规则,而在 MySQL 中是不区分大小写的。

（4）[DEFAULT]：可选项，表示指定默认值。

（5）CHARACTER SET[=]字符集：可选项，用于指定数据库的字符集。如果不想指定数据库所使用的字符集，那么就可以不使用该项，这时 MySQL 会根据 MySQL 服务器默认使用的字符集来创建该数据库。这里的字符集可以是 GB2312 或者 GBK（简体中文）、UTF8（针对 Unicode 的可变长度的字符编码，也称万国码）、BIG5（繁体中文）、Latinl（拉丁文）等。其中最常用的就是 UTF8 和 GBK。

（6）COLLATE[=]校对规则名称：可选项，用于指定字符集的校对规则。例如，utf8_bin 或者 gbk_chinese_ci。

在创建数据库时，数据库命名有以下几项规则。

（1）不能与其他数据库重名，否则将发生错误。

（2）名称可以由任意字母、阿拉伯数字、下画线（_）和"＄"组成，可以使用上述的任意字符开头，但不能使用单独的数字，否则会造成它与数值相混淆。

（3）名称最长可为 64 个字符，而别名最长可达 256 个字符。

（4）不能使用 MySQL 关键字作为数据库名、表名。

（5）默认情况下，在 Windows 下数据库名、表名的大小写是不敏感的，而在 Linux 下数据库名、表名的大小写是敏感的。为了便于数据库在平台间进行移植，建议读者采用小写来定义数据库名和表名。

【例 3-1】 通过 CREATE DATABASE 语句创建一个名称为 weborder 的数据库。

```
CREATE DATABASE weborder;
```

执行结果如图 3-1 所示。

```
mysql> CREATE DATABASE weborder;
Query OK, 1 row affected (0.02 sec)
```

图 3-1　创建 weborder 数据库

【例 3-2】 通过 CREATE SCHEMA 语句创建一个名称为 weborder1 的数据库。

```
CREATE SCHEMA weborder1;
```

执行结果如图 3-2 所示。

```
mysql> CREATE DATABASE weborder1;
Query OK, 1 row affected (0.02 sec)
```

图 3-2　创建 weborder1 数据库

【例 3-3】 通过 CREATE DATABASE 语句创建一个名称为 weborder2 的数据库，并指定其字符集为 GBK。

```
CREATE DATABASE weborder2 CHARACTER SET=GBK;
```

在 MySQL 中，不允许同一系统中存在两个相同名称的数据库，如果要创建的数据库名称已经存在,那么系统将给出以下错误信息。

```
CREATE DATABASE weborder2 CHARACTER SET=GBK;
```

执行结果如图 3-3 所示。

```
ERROR 1007(HY000):Can't create database 'db_test'; database exists
```

图 3-3　创建 weborder2 数据库

【例 3-4】　通过 CREATE DATABASE 语句创建一个名称为 weborder3 的数据库,并在创建前判断该数据库名称是否存在,只有不存在时才进行创建。

```
CREATE DATABASE IF NOT EXISTS weborder3;
```

执行结果如图 3-4 所示。

```
mysql> CREATE DATABASE IF NOT EXISTS weborder3;
Query OK, 1 row affected, 1 warning (0.01 sec)
```

图 3-4　创建 weborder3 数据库

3.1.2　查看数据库

创建好数据库后,可以使用 SHOW 命令查看 MySQL 服务器中的所有数据库信息,语法格式如下。

```
SHOW {DATABASES|SCHEMAS}
[LIKE '模式'WHERE 条件];
```

说明如下。

(1)〔DATABASES|SCHEMAS〕:表示必须有一个是必选项,用于列出当前用户权限范围内所能查看到的所有数据库名称。这两个选项的结果是一样的,使用哪个都可以。

(2)LIKE:可选项,用于指定匹配模式。

(3)WHERE:可选项,用于指定数据库名称查询范围的条件。

【例 3-5】　在 3.1.1 小节中创建了数据库 weborder,下面使用 SHOW DATABASES 语句查看 MySQL 服务器中的所有数据库名称。

```
SHOW DATABASES;
```

执行结果如图 3-5 所示。

通过 SHOW 命令查看 MySQL 服务器中的所有数据库,结果显示 MySQL 服务器中有 9 个数据库,这 9 个数据库包括系统数据库。

【例 3-6】　查看以 weborder 开头的数据库名称。

```
mysql> SHOW DATABASES;
+--------------------+
| Database           |
+--------------------+
| information_schema |
| mysql              |
| performance_schema |
| sys                |
| weborder           |
| weborder1          |
| weborder2          |
| weborder3          |
+--------------------+
8 rows in set (0.01 sec)
```

图 3-5　查看 MySQL 服务器中的所有数据库名称

```
SHOW DATABASES LIKE 'weborder%';
```

执行结果如图 3-6 所示。

```
mysql> SHOW DATABASES LIKE 'weborder%';
+---------------------+
| Database (weborder%) |
+---------------------+
| weborder            |
| weborder1           |
| weborder2           |
| weborder3           |
+---------------------+
4 rows in set (0.00 sec)
```

图 3-6　查看 以 weborder 开头的数据库名称

3.1.3　选择数据库

在 MySQL 中，使用 CREATE DATABASE 语句创建数据库后，该数据库并不会自动成为当前数据库。如果想让它成为当前数据库，需要使用 MySQL 提供的 USE 语句来实现，USE 语句可以实现选择一个数据库，使其成为当前数据库。只有使用 USE 语句指定某个数据库为当前数据库后，才能对该数据库及其存储的数据对象执行操作。USE 语句的语法格式如下。

```
USE 数据库名;
```

说明：使用 USE 语句将数据库指定为当前数据库后，当前数据库在当前工作会话关闭（即断开与该数据库的连接）或再次使用 USE 语句指定数据库时，结束工作状态。

【例 3-7】　选择名称为 weborder 的数据库，设置其为当前默认的数据库。

```
use weborder;
```

执行结果如图 3-7 所示。

```
mysql> use weborder;
Database changed
```

图 3-7　选择 weborder 的数据库

3.1.4　修改数据库

数据库创建后,如果需要修改数据库的参数,可以使用 ALTER DATABASE 命令。修改数据库的语法格式如下。

```
ALTER{DATABASE|SCHEMA}[数据库名]
[DEFAULT]CHARACTER SET[=]字符集
[DEFAULT]COLLATER[=]校对规则名称
```

说明如下。

(1) {DATABASES|SCHEMAS}：表示必须有一个是必选项,这两个选项的结果是一样的。

(2) [数据库名]：可选项,如果不指定要修改的数据库,那么将表示修改当前(默认)的数据库。

(3) [DEFAULT]：可选项,表示指定默认值。

(4) CHARACTER SET[=]字符集：可选项,用于指定数据库的字符集。

(5) COLLATE[=]校对规则名称：可选项,用于指定字符集的校对规则。

(6) 在使用 ALTER DATABASE 或者 ALTER SCHEMA 语句时,用户必须具有对数据库进行修改的权限。

【例 3-8】　修改数据库 weborder,设置默认字符集和校对规则。

```
ALTER DATABASE weborder
    DEFAULT CHARACTER SET gbk
    DEFAULT COLLATE gbk_chinese_ci;
```

执行结果如图 3-8 所示。

```
mysql> ALTER DATABASE weborder
    ->      DEFAULT CHARACTER SET gbk
    ->      DEFAULT COLLATE gbk_chinese_ci;
Query OK, 1 row affected (0.03 sec)
```

图 3-8　选择修改数据库 weborder

删除数据库是将数据库系统中已经存在的数据库删除。成功删除数据库后,数据库中的所有数据都将被清除,原来分配的空间也将被回收。在 MySQL 中,可以通过使用 DROP DATABASE 语句来删除已经存在的数据库。删除数据库的语句的语法格式如下。

```
DROP{DATABASE|SCHEMA}[IF EXISTS] 数据库名;
```

说明如下。

（1）{DATABASES|SCHEMAS}：表示必须有一个是必选项，这两个选项的结果是一样的。

（2）[IF EXISTS]：用于指定在删除数据前，先判断该数据库是否已经存在，只有已经存在时，才会执行删除操作，这样可以避免在删除不存在的数据库时，产生异常。

（3）在使用 DROP DATABASE 语句时，用户必须具有对数据库进行删除的权限。

（4）删除数据库的操作应该谨慎使用，一旦执行该操作，数据库的所有结构和数据都会被删除，没有恢复的可能，除非数据库有备份。

【例 3-9】 通过 DROP DATABASE 语句删除名为 weborder1 的数据库。

```
DROP DATABASE weborder1;
```

执行结果如图 3-9 所示。

```
mysql> DROP DATABASE weborder1;
Query OK, 0 rows affected (0.04 sec)
```

图 3-9 删除 weborder1 的数据库

【例 3-10】 查看 weborder1 的数据库是否被删除。

```
SHOW DATABASES;
```

执行结果如图 3-10 所示。

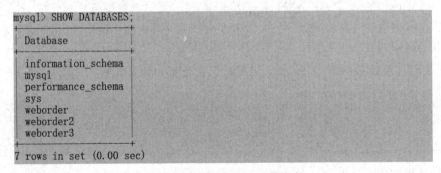

```
mysql> SHOW DATABASES;
+--------------------+
| Database           |
+--------------------+
| information_schema |
| mysql              |
| performance_schema |
| sys                |
| weborder           |
| weborder2          |
| weborder3          |
+--------------------+
7 rows in set (0.00 sec)
```

图 3-10 查看 weborder1 数据库

3.2 MySQL 表

3.2.1 MySQL 数据类型

在 MySQL 数据库中，每一条数据都有其数据类型。不同的数据类型决定了 MySQL 存储数据方式的不同。MySQL 支持的数据类型主要分成 3 类：数值类型、字符串类型、日期和时间类型。

1. 数值类型

1）整数类型

MySQL 中的整数类型可分为 5 种，分别是 TINYINT、SMALLINT、MEDIUMINT、INT 和 BIGINT，最常用的是 INT。如表 3-1 所示。

表 3-1　MySQL 整数类型

数据类型	字节数	无符号数的取值范围	有符号数的取值范围
TINYINT	1	0～255	−128～127
SMALLINT	2	0～65 535	−32 768～32 768
MEDIUMINT	3	0～16 777 215	−8 388 608～8 388 608
INT	4	0～4 294 967 295	−2 147 483 648～2 147 483 648
BIGINT	8	0～18 446 744 073 709 551 615	−9 223 372 036 854 775 808～9 223 372 036 854 775 807

不同整数类型所占用的字节数和取值范围都是不同的，MySQL 支持在该类型关键字后面的括号内指定整数值的显示宽度，如 int(4)。

2）浮点数类型和定点数类型

在 MySQL 数据库中，存储的小数都是使用浮点数和定点数来表示的。浮点数的类型常用有两种，分别是单精度浮点数类型（FLOAT）和双精度浮点数类型（DOUBLE），如表 3-2 所示。

表 3-2　MySQL 浮点数和定点数类型

数据类型	字节数	有符号的取值范围	无符号的取值范围
FLOAT	4	−3.402 823 466E+38～−1.175 494 351E−38	0 和 1.175 494 351E−38～3.402 823 466E+38
DOUBLE	8	−1.797 693 134 862 315 7E+308～−2.225 073 858 507 201 4E−308	0 和 2.225 073 858 507 201 4E−308～1.797 693 134 862 315 7E+308
DECIMAL(M,D)	M+2	−1.797 693 134 862 315 7E+308～−2.225 073 858 507 201 4E−308	0 和 2.225 073 858 507 201 4E−308～1.797 693 134 862 315 7E+308

DECIMAL 类型的有效取值范围是由 M 和 D 决定的，其中，M 表示的是数据的长度，D 表示的是小数点后的长度。比如，将数据类型为 DECIMAL(6,2) 的数据 3.1415 插入数据库后，显示的结果为 3.14。

在创建表时，使用哪种数字类型，应遵循以下原则。

（1）选择最小的可用类型，如果值永远不超过 127，则使用 TINYINT 比 INT 强。

（2）对于完全都是数字的数据，可以选择整数类型。

（3）浮点类型用于可能具有小数部分的数，如货物单价、网上购物交付金额等。

2. 字符串类型

字符串类型可以分为 3 类：普通的文本字符串类型（CHAR 和 VARCHAR）、可变类型（TEXT 和 BLOB）和特殊类型（SET 和 ENUM）。它们之间都有一定的区别，取值范围不同，应用的地方也不同。

1）普通的文本字符串类型（CHAR 和 VARCHAR）

在 MySQL 中，定义 CHAR 和 VARCHAR 类型的方式如下。

CHAR(M) 或 VARCHAR(M)

在上述定义方式中，M 指的是字符串的最大长度。

CHAR 列的长度固定为创建表时声明的长度。长度可以为 0～255 的任何值。当保存为 CHAR 值时，在它们的右边填充空格以达到指定的长度。当检索到 CHAR 值时，尾部的空格将会被删除。

VARCHAR 列中的值为可变长字符串。长度可以指定为 0～65 535 之间的值。同 CHAR 相比，VARCHAR 值只保存需要的字符数，另加一个字节来记录长度（如果列声明的长度超过 255，则使用两个字节）。VARCHAR 值在保存时不进行填充。当值保存和检索时，尾部的空格仍保留，符合标准 SQL。

表 3-4 显示了将各种字符串值保存到 char(4) 和 varchar(4) 列后的结果，说明了 CHAR 和 VARCHAR 存储之间的差别。

表 3-3　CHAR 和 VARCHAR 存储之间的差别

值	char(4)	存储需求	varchar(4)	存储需求
''	11	4 个字节	''	1 个字节
qe	'ab'	4 个字节	'ab'	3 个字节
'abcd'	'abcd'	4 个字节	'abcd'	5 个字节
'abcdefgh'	'abcd'	4 个字节	'abcd'	5 个字节

如果分配给 CHAR 或 VARCHAR 列的值超过列的最大长度，将对值进行裁剪以使其适合；如果被裁掉的字符不是空格，则会产生一条警告。

2）可变类型（TEXT 和 BLOB）

它们的大小可以改变，TEXT 类型适合存储长文本，例如，文章内容、评论等。而 BLOB 类型适合存储二进制数据，支持任何数据，如 PDF 文档、声音和图像等。TEXT 和 BLOB 类型存储范围如表 3-4 所示。

表 3-4　TEXT 和 BLOB 类型

类　　型	存 储 范 围	说　　明
TINYBLOB	0～255 字节	小 BLOB 字段
TINYTEXT	0～255 字节	小 TEXT 字段
BLOB	0～65 535 字节	常规 BLOB 字段
TEXT	0～65 535 字节	常规 TEXT 字段
MEDIUMBLOB	0～16 777 215 字节	中型 BLOB 字段
MEDIUMTEXT	0～16 777 215 字节	中型 TEXT 字段
LONGBLOB	0～4 294 967 295 字节	长 BLOB 字段
LONGTEXT	0～4 294 967 295 字节	长 TEXT 字段

BLOB 类型与 TEXT 类型很相似,但 BLOB 类型数据是根据二进制编码进行比较和排序,而 TEXT 类型数据是根据文本模式进行比较和排序。

3) 特殊类型(SET 和 ENUM)

ENUM 类型又称为枚举类型,定义 ENUM 类型的数据格式如下。

```
ENUM('值 1','值 2','值 3',...,'值 n')
```

ENUM 类型的数据只能从枚举列表中取,并且只能取一个。需要注意的是,枚举列表中的每个值都有一个顺序编号,MySQL 中存入的就是这个顺序编号,而不是列表中的值。

SET 类型用于表示字符串对象,它的值可以有零个或多个,定义 SET 类型的数据格式如下。

```
SET('值 1','值 2','值 3',...,'值 n')
```

与 ENUM 类型相同,('值 1','值 2','值 3',...,'值 n')列表中的每个值都有一个顺序编号,MySQL 中存入的也是这个顺序编号,而不是列表中的值。

注意:创建表时,使用字符串类型时应遵循以下原则。

(1) 从速度方面考虑,要选择固定的列,可以使用 CHAR 类型。

(2) 要节省空间,使用动态的列,可以使用 VARCHAR 类型。

(3) 要将列中的内容限制在一种选择,可以使用 ENUM 类型。

(4) 允许在一个列中有多于一个的条目,可以使用 SET 类型。

(5) 如果要搜索的内容不区分大小写,可以使用 TEXT 类型。

(6) 如果要搜索的内容区分大小写,可以使用 BLOB 类型。

3. 日期和时间类型

日期和时间类型包括:DATETIME、DATE、TIMESTAMP、TIME 和 YEAR。其中的每种类型都有其取值的范围,如赋予它一个不合法的值,将会被"0"代替。日期和时间数据类型如表 3-5 所示。

表 3-5 日期和时间数据类型

类　型	取　值　范　围	说　　明
DATE	1000-01-01 至 9999-12-31	日期,格式 YYYY-MM-DD
TIME	−838:58:59 至 835:59:59	时间,格式 HH:MM:SS
DATETIME	1000-01-01　00:00:00 至 9999-12-31　23:59:59	日期和时间,格式 YYYY-MM-DD HH:MM:SS
TIMESTAMP	1970-01-01　00:00:00 至 2037 年的某个时间	时间标签,在处理报告时使用显示格式取决于 M 的值
YEAR	1901-2155	年份可指定两位数字和四位数字的格式

每种日期和时间类型的取值范围都是不同的。需要注意的是，如果插入的数值不合法，则系统会自动将对应的零值插入数据库中。

3.2.2 创建数据库表

数据库表是由多列、多行组成的表格，包括表结构和表记录两部分，是相关数据的集合。在计算机中，数据库表是以文件的形式存在的。

说明：基于第 2 章中"卖赛扣"饭店网络点餐数据库，为了教学的需要，对部分表的字段进行了简化处理，以便大家更好、更快地掌握数据库的操作。

创建数据表使用 CREATE TABLE 语句，其语法格式如下。

```
CREATE TABLE [IF NOT EXISTS]数据表名
(字段名 数据类型[NOT NULL |NULL][DEFAULT 列默认值]...)
```

说明如下。

（1）[IF NOT EXISTS]：在建表前判断，只有该表目前尚不存在时才执行 CREATE TABLE 操作。用此选项可以避免出现表已经存在而无法再新建的错误。

（2）数据表名：要创建的表的名称。该表名必须符合标志符规则，如果有 MySQL 保留字，必须用单引号括起来。

（3）字段名：表中列的名称。列名必须符合标志符规则，长度不能超过 64 个字符，而且在表中要唯一。如果有 MySQL 保留字，必须用单引号括起来。

（4）数据类型：列的数据类型，有的数据类型需要指明长度 n，并用括号括起来。

（5）[NOT NULL|NULL]：指定该列是否允许为空。如果不指定，则默认为 NULL。

（6）[DEFAULT 列默认值]：为列指定默认值，默认值必须为一个常数。其中，blob 和 text 列不能被赋予默认值。如果没有为列指定默认值，则 MySQL 会自动分配一个。如果列可以取 NULL 值，则默认值就是 NULL。如果列被声明为 NOT NULL，则默认值取决于列类型。

【例 3-11】 在网络点餐系统数据库 weborder 中创建菜品表 food。具体代码如下。

```
USE WEBORDER;
CREATE TABLE food (
    Foodid          int             NOT NULL      PRIMARY KEY,
    foodname        varchar(50),
    foodtypeid      int             NOT NULL,
    price           decimal(10, 2)  NOT NULL,
    count           int             NOT NULL,
    description     varchar(200),
    hits            int             NOT NULL      DEFAULT NULL,
    coemment        int             NOT NULL      DEFAULT -1
);
```

【例 3-12】 在网络点餐系统数据库 weborder 中创建会员表 member。具体代码如下。

```
USE WEBORDER;
CREATE TABLE member (
    memberid          int                NOT NULL      PRIMARY KEY,
    membertypeid      int                NOT NULL,
    membername        varchar(20)        NOT NULL,
    sex               char(2),
    birthday          date,
    telephone         varchar(20),
    address           varchar(40)        NOT NULL,
);
```

3.2.3　查看数据库表

1. 显示数据表文件名

为了验证数据表是否创建成功,需要使用 SHOW TABLES 语句进行查看。SHOW TABLES 命令用于显示已经建立的数据表文件,其语法格式如下。

```
SHOW TABLES;
```

【例 3-13】　查看 weborder 数据库建立的数据表文件。

```
SHOW TABLES;
```

执行结果如图 3-11 所示。

图 3-11　查看 weborder 数据库建立的数据表文件

从上述执行结果可以看出,数据库中已经存在了数据表 food,说明数据表创建成功了。

2. 显示数据表结构

在 MySQL 中,还可以使用 DESCRIBE 语句查看数据表结构,其语法格式如下。

```
DESCRIBE 数据表名;
```

其中，DESCRIBE 可以简写成 DESC。在查看表结构时，也可以只列出某一列的信息。其语法格式如下。

```
DESCRIBE 数据表名 列名;
```

【例 3-14】 查看 food 表的表结构。具体代码如下。

```
DESCRIBE food;
```

执行结果如图 3-12 所示。

```
mysql> DESCRIBE food;
+-------------+---------------+------+-----+---------+-------+
| Field       | Type          | Null | Key | Default | Extra |
+-------------+---------------+------+-----+---------+-------+
| foodid      | int           | NO   | PRI | NULL    |       |
| foodname    | varchar(50)   | NO   |     | NULL    |       |
| foodtypeid  | int           | NO   |     | NULL    |       |
| price       | decimal(10,2) | NO   |     | NULL    |       |
| count       | int           | NO   |     | NULL    |       |
| description | varchar(200)  | YES  |     | NULL    |       |
| hits        | int           | YES  |     | NULL    |       |
| coemment    | int           | NO   |     | -1      |       |
+-------------+---------------+------+-----+---------+-------+
8 rows in set (0.01 sec)
```

图 3-12 查看 food 表的表结构

【例 3-15】 查看 food 表 foodname 列的信息。具体代码如下。

```
DESC food foodname;
```

执行结果如图 3-13 所示。

```
mysql> DESC food foodname;
+----------+-------------+------+-----+---------+-------+
| Field    | Type        | Null | Key | Default | Extra |
+----------+-------------+------+-----+---------+-------+
| foodname | varchar(50) | NO   |     | NULL    |       |
+----------+-------------+------+-----+---------+-------+
1 row in set (0.00 sec)
```

图 3-13 查看 food 表 foodname 列

3.2.4 修改数据库表

有时候，希望对表中的某些信息进行修改，这时就需要修改数据表。所谓修改数据表指的是修改数据库中已经存在的数据表结构，比如，修改表名、修改字段名、修改字段的数据类型等。修改表结构使用 ALTER TABLE 语句，其语法格式如下。

```
ALTER[IGNORE]TABLE 数据表名 alter_spec[,alter_spec]...| table_options
```

说明如下。

（1）［IGNORE］：可选项，表示如果出现重复关键的行，则只执行一行，其他重复的行将被删除。

（2）数据表名：用于指定要修改的数据表的名称。

（3）alter_spec 子句：用于定义要修改的内容，其语法格式如下。

- ADD［COLUMN］create_definition［FIRST | AFTER column_name］：添加新字段。
- ADD INDEX［index_name］(index_col_name,...)：添加索引名称。
- ADD PRIMARY KEY(index_col_name,...)：添加主键名称。
- ADD UNIQUE［index_name］(index_col_name,...)：添加唯一索引。
- ALTER［COLUMN］col_name ｛SET DEFAULT literal | DROP DEFAULT｝：修改字段默认值。
- CHANGE［COLUMN］old_col_name create_definition：修改字段名/类型。
- MODIFY［COLUMN］create_definition：修改子句定义字段。
- DROP［COLUMN］col_name：删除字段名称。
- DROP PRIMARY KEY：删除主键名称。
- DROP INDEX index_name：删除索引名称。
- RENAME［AS］new_tbl_name：更改表名。

（4）table_options：用于指定表的一些特性参数，其中大多数选项涉及的是表数据如何存储及存储在何处，如 ENGINE 选项用于定义表的存储引擎。多数情况下，用户不必指定表选项。

（5）ALTER TABLE 语句允许指定多个动作，其动作间使用逗号分隔，每个动作表示对表的一个修改。

1. 修改表名

在数据库中，不同的数据表是通过表名来区分的。在 MySQL 中，修改表名的基本语法格式如下。

```
ALTER TABLE 旧表名 RENAME[TO]新表名;
```

说明如下。

（1）"旧表名"指的是修改前的表名，"新表名"指的是修改后的表名。

（2）关键字 TO 是可选的，其在 SQL 语句中是否出现不会影响语句的执行。

【例 3-16】 将数据库 weborder 中的 food 表名改为 tb_food 表。具体代码如下。

```
RENAME TABLE food TO tb_food;
```

执行结果如图 3-14 所示。

2. 添加新字段及修改字段定义

在 MySQL 的 ALTER TABLE 语句中，可以通过使用 ADD［COLUMN］create_

```
mysql> RENAME TABLE food TO tb_food;
Query OK, 0 rows affected (0.05 sec)

mysql> SHOW TABLES;
+------------------+
| Tables_in_weborder |
+------------------+
| foodtype         |
| guestfood        |
| lineitem         |
| member           |
| membertype       |
| orders           |
| room             |
| tb_food          |
| waiter           |
+------------------+
9 rows in set (0.00 sec)
```

图 3-14　food 表名改为 tb_food 表

definition[FIRST AFTER column_name]子句来添加新字段；使用 MODIFY[COLUMN] create_definition 子句可以修改已定义字段的定义。

【例 3-17】 在会员表（member）中添加一个新的字段 email，类型为 varchar(50)，not null，将字段 sex 的类型由 char(2)改为 varchar(10)。具体代码如下。

```
ALTER TABLE member ADD emai varchar(50) not null,
Modify sex varchar(10);
```

执行结果如图 3-15 所示。

```
mysql> ALTER TABLE member ADD emai varchar(50) not null,
    -> Modify sex varchar(10);
Query OK, 0 rows affected (0.04 sec)
Records: 0  Duplicates: 0  Warnings: 0

mysql> DESC member;
```

Field	Type	Null	Key	Default	Extra
memberid	int	NO	PRI	NULL	
membertypeid	int	NO		NULL	
membername	varchar(20)	YES		NULL	
sex	varchar(10)	YES		NULL	
birthday	date	YES		NULL	
telephone	varchar(20)	NO		NULL	
address	varchar(40)	NO		NULL	
emai	varchar(50)	NO		NULL	

```
8 rows in set (0.00 sec)
```

图 3-15　修改 member 表

3. 修改字段名

数据表中的字段是通过字段名来区分的。使用 CHANGE[COLUMN] old_col_name create_definition 子句可以修改字段名或者字段类型。

【例 3-18】 将数据表 member 的字段名 membername 修改为 name，具体代码如下。

```
ALTER TABLE member CHANGE membername name VARCHAR(20);
```

4. 删除字段

在 MySQL 的 ALTER TABLE 中，使用 DROP[COLUMN]col_name 子句可以删除指定字段。下面将通过一个具体实例演示如何删除字段。

【例 3-19】　将数据库 weborder 数据表 member 中的字段 email 删除，具体代码如下。

```
ALTER TABLE member DROP email;
```

3.2.5　删除数据库表

删除数据库表是指删除数据库中已存在的表。在删除数据库表的同时，数据库表中存储的数据都将被删除。在 MySQL 中，直接使用 DROP TABLE 语句就可以删除没有被其他表关联的数据表，其基本的语法格式如下。

```
DROP TABLE[IF EXISTS]数据表名;
```

说明如下。

（1）[IF EXISTS]：可选项，用于在删除表前先判断是否存在要删除的表，只有存在时，才执行删除操作，这样可以避免要删除的表不存在时出现错误信息。

（2）数据表名：用于指定要删除的数据表名，可以同时删除多张数据表，多个数据表名之间用英文半角的逗号","分隔。

【例 3-20】　删除数据表 tb_food，具体代码如下。

```
DROP TABLE tb_food;
```

3.2.6　复制表

当需要建立的数据库表与已有的数据库表结构相同时，可以通过复制表的结构和数据的方法新建数据库。其语法格式如下。

```
CREATE TABLE [IF NOT EXISTS]数据表名
{LIKE 源数据表名|(LIKE 源数据表名)};
```

说明如下。

（1）[IF NOT EXISTS]：可选项，如果使用该子句，则表示当要创建的数据表名不存在时，才会创建。如果不使用该子句，则当要创建的数据表名存在时，将出现错误。

（2）数据表名：表示新创建的数据表的名称，该数据表名必须是在当前数据库中不存在的表名。

（3）{LIKE 源数据表名|(LIKE 源数据表名)}：必选项，用于指定依照哪个数据表来创建新表，也就是要为哪个数据表创建副本。

（4）使用该语法复制数据表时，将创建一个与源数据表相同结构的新表，该数据表的列名、数据类型和索引都将被复制，但是表的内容是不会复制的。因此，新创建的表是一张空表。如果想要复制表中的内容，可以通过使用 AS(查询表达式)子句来实现。

【例 3-21】 在数据库 weborder 中创建一份数据表 member 的备份 tb_member，具体代码如下。

```
CREATE TABLE tb_member LIKE member;
```

执行结果如图 3-16 所示。

```
mysql> CREATE TABLE tb_member LIKE member;
Query OK, 0 rows affected (0.06 sec)

mysql> DESC member;
+-------------+-------------+------+-----+---------+-------+
| Field       | Type        | Null | Key | Default | Extra |
+-------------+-------------+------+-----+---------+-------+
| memberid    | int         | NO   | PRI | NULL    |       |
| membertypeid| int         | NO   |     | NULL    |       |
| membername  | varchar(20) | YES  |     | NULL    |       |
| sex         | varchar(10) | YES  |     | NULL    |       |
| birthday    | date        | YES  |     | NULL    |       |
| telephone   | varchar(20) | NO   |     | NULL    |       |
| address     | varchar(40) | NO   |     | NULL    |       |
| emai        | varchar(50) | NO   |     | NULL    |       |
+-------------+-------------+------+-----+---------+-------+
8 rows in set (0.00 sec)
```

图 3-16 创建一份数据表 member 的备份 tb_member

3.3 MySQL 数据完整性约束

数据完整性是指数据的正确性和相容性，是为了防止数据库中存在不符合语义的数据，即防止数据库中存在不正确的数据。在 MySQL 中提供了多种完整性约束，它们作为数据库关系模式定义的一部分，可以通过 CREATE TABLE 或 ALTER TABLE 语句来定义。一旦定义了完整性约束，MySQL 服务器会随时检测处于更新状态的数据库内容是否符合相关的完整性约束，从而保证数据的一致性与正确性。这样，既能有效地防止对数据库的意外破坏，又能提高完整性检测的效率，还能减轻数据库编程人员的工作负担。

3.3.1 定义完整性约束

在关系模型中，提供了实体完整性、参照完整性和用户定义完整性 3 项规则。

1. 实体完整性

实体完整性规则是指关系的主属性,即主码(主键)的组成不能为空,也就是关系的主属性不能是空值(NULL)。关系对应于现实世界中的实体集,而现实世界中的实体是可区分的,即说明每个实例具有唯一性标志。在关系模型中,使用主码(主键)作为唯一性标志,若假设主码(主键)取空值,则说明这个实体不可标志,即不可区分,这个假设显然不正确,与现实世界应用环境相矛盾,因此不能存在这样的无标志实体,从而在关系模型中引入实体完整性约束。例如,学生关系(学号、姓名、性别)中,"学号"为主码(主键),则"学号"这个属性不能为空值,否则就违反了实体完整性规则。

在 MySQL 中,实体完整性是通过主键约束和候选键约束来实现的。

1) 主键约束

主键可以是表中的某一列,也可以是表中多个列所构成的一个组合;其中,由多个列组合构成的主键也称为复合主键。在 MySQL 中,主键列必须遵守以下规则。

(1) 每一个表只能定义一个主键。

(2) 唯一性原则。主键的值,也称键值,必须能够唯一标志表中的每一行记录,且不能为 NULL。

(3) 最小化规则。复合主键不能包含不必要的多余列。也就是说,当从一个复合主键中删除一列后,如果剩下的列构成的主键仍能满足唯一性原则,那么这个复合主键是不正确的。

(4) 一个列名在复合主键的列表中只能出现一次。

在 MySQL 中,可以在 CREATE TABLE 或者 ALTER TABLE 语句中,使用 PRIMARY KEY 子句来创建主键约束。

【例 3-22】 在创建会员表 member 时,将会员编号 memberid 字段设置为主键。具体代码如下。

```
USE WEBORDER;
CREATE TABLE member (
    memberid        int             NOT NULL     PRIMARY KEY,
    membertypeid    int             NOT NULL,
    membername      varchar(20)     NOT NULL,
    sex             char(2),
    birthday        date,
    telephone       varchar(20),
    address         varchar(40)     NOT NULL,
);
```

【例 3-23】 创建订单明细表 lineitem,将订单编号 orderid 和菜品编号 foodid 两个字段设置为主键。具体代码如下。

```
CREATE TABLE lineitem (
    orderid         int             NOT NULL,
```

```
    foodid          int             NOT NULL,
    count           int             NOT NULL,
    PRIMARY KEY(orderid, foodid)
);
```

2）候选键约束

如果一个属性集能唯一标志元组，且又不含有多余的属性，那么这个属性集称为关系的候选键。例如，在会员表 member 中，会员编号 memberid 能够标志一名会员，因此，它可以作为候选键，而如果规定不允许有同名的会员，那么会员姓名 membername 也可以作为候选键，候选键的值必须是唯一的，且不能为空（NULL）。候选键可以在 CREATE TABLE 或者 ALTER TABLE 语句中使用关键字 UNIQUE 来定义。

【例 3-24】 在创建会员表 member 时，将会员编号 memberid、会员姓名 membername 字段设置为候选键。具体代码如下。

```
USE WEBORDER;
CREATE TABLE member (
    memberid        int             NOT NULL     UNIQUE,
    membertypeid    int             NOT NULL,
    membername      varchar(20)     NOT NULL     UNIQUE,
    sex             char(2),
    birthday        date,
    telephone       varchar(20),
    address         varchar(40)     NOT NULL,
);
```

2. 参照完整性

现实世界中的实体之间往往存在着某种联系，在关系模型中，实体及实体间的联系都是用关系来描述的，那么自然就存在着关系与关系间的引用。参照完整性规则就是定义外码（外键）和主码（主键）之间的引用规则，它是对关系间引用数据的一种限制。

例如，在"会员表"关系中每个会员的"等级编号"一项，要么取空值，表示该会员还没有分配等级；要么取值必须与"会员等级表"关系中的某个元组的"等级编号"相同，则表示这个会员是某个等级。这就是参照完整性。如果"会员表"关系中，某个会员的"等级编号"取值不能与"会员等级表"关系中任何一个元组的"等级编号"值相同，则表示这个会员不属于会员，这与实际应用环境不相符，显然是错误的，这就需要在关系模型中定义参照完整性进行约束。

参照完整性也是由系统自动支持的，即在建立关系（表）时，只要定义了"谁是主码""谁参照于认证"，系统将自动进行此类完整性的检查。在 MySQL 中，参照完整性可以通过在创建表（CREATE TABLE）或者修改表（ALTER TABLE）时定义一个外键声明来实现。外键被定义为表的完整性约束，语法中包含了外键所参照的表和列，还可以声明参照动作。定义外键的语法格式如下。

```
FOREIGN KEY(外键)
REFERENCES 父表表名[(父表列名[(长度)][ASC|DESC],...][ON DELETE {RESTRICT | CASCADE
| SET NULL|NO ACTION}][ON UPDATE {RESTRICT | CASCADE | SET NULL | NO ACTION}]
```

说明如下。

（1）外键：参照表的列名。外键中的所有列值在引用的列中必须全部存在。外键可以只引用主键和候选键，不能引用被参照表中随机的一组列，它必须是被参照表的列的一个组合，且其中的值是唯一的。

（2）父表表名：外键所参照的表名。这个表叫作被参照表，外键所在的表叫作参照表。

（3）父表列名：被参照的列名。外键可以引用一个或多个列。

（4）[ON DELETE| ON UPDATE]：可以为每个外键定义参照动作。参照动作包含两部分，第一部分指定这个参照动作应用哪一条语句，有 UPDATE 和 DELETE 语句；第二部分指定采取哪个动作，可能采取的动作有 RESTRICT、CASCADE、SET NULL、NO ACTION 和 SET DEFAULT。

（5）RESTRICT：当要删除或更新父表中被参照列上在外键中出现的值时，拒绝对父表的删除或更新操作。

（6）CASCADE：从父表删除或更新行时，自动删除或更新子表中匹配的行。

（7）SET NULL：从父表删除或更新行时，设置子表中与之对应的外键列为 NULL。如果外键列没有指定 NOT NULL 限定词，这就是合法的。

（8）NO ACTION：NO ACTION 意味着不采取动作，就是如果有一个相关的外键值在被参考的表里，则删除或更新父表中该值的企图将不被允许，其作用和 RESTRICT 命令一样。

（9）SET DEFAULT：作用和 SET NULL 一样，只不过 SET DEFAULT 是指定子表中的外键列为默认值。

【例 3-25】　创建会员表 member，并为其设置参照完整性约束（拒绝删除或更新被参照表中被参照列上的外键值），即将等级编号 membertypeid 字段设置为外键。具体代码如下。

```
CREATE TABLE member (
    memberid        int             NOT NULL,
    membertypeid    int             NOT NULL,
    membername      varchar(20)     NOT NULL,
    sex             char(2),
    birthday        date,
    telephone       varchar(20),
    address         varchar(40)     NOT NULL,
    primary key(memberid),
    FOREIGN KEY(membertypeid)
    REFERENCES membertype(membertypeid)
    ON DELETE RESTRICT
    ON UPDATE RESTRICT
);
```

设置外键时,通常需要遵守以下规则。

(1) 被参照表必须是已经存在的,或者是当前正在创建的表。如果是当前正在创建的表,则意味着被参照表与参照表是同一个表,这样的表称为自参照表(Self-referencing Table),这种结构称为自参照完整性(Self-referential Integrity)。

(2) 必须为被参照表定义主键。

(3) 必须在被参照表名后面指定列名或列名的组合。这个列或列组合必须是这个被参照表的主键或候选键。

(4) 外键中列的数目必须和被参照表中列的数据相同。

(5) 外键中列的数据类型必须和被参照表的主键(或候选键)中对应列的数据类型相同。

(6) 尽管主键是不能够包含空值的,但允许在外键中出现一个空值。这意味着,只要外键的每个非空值出现在指定的主键中,这个外键的内容就是正确的。

3. 用户定义完整性

用户定义完整性规则是针对某一应用环境的完整性约束条件,它反映了某一具体应用所涉及的数据应满足的要求。关系模型提供定义和检验这类完整性规则的机制,其目的是由系统来统一处理,而不再由应用程序来完成这项工作。在实际系统中,这类完整性规则一般在建立数据表的同时进行定义,应用编程人员不需要再做考虑。

MySQL 支持非空约束、CHECK 约束和触发器 3 种用户自定义完整性约束。其中,触发器将在第 8 章进行介绍。

1) 非空约束

非空约束可以通过在 CREATE TABLE 或 ALTER TABLE 语句中,某个列定义后面加上关键字 NOT NULL 来定义,用来约束该列的取值不能为空。前面例 3-11 建立的 food 表中多个字段使用了非空约束。

2) CHECK 约束

CHECK 约束也可以通过在 CREATE TABLE 或 ALTER TABLE 语句中,根据用户的实际完整性要求来定义。它可以分别对列或表实施 CHECK 约束,其中使用的语法如下。

```
CHECK(expr)
```

其中,expr 是一个 SQL 表达式,用于指定需要检查的限定条件。在更新表数据时,MySQL 会检查更新后的数据行是否满足 CHECK 约束中的限定条件。该限定条件可以是简单的表达式,也可以是复杂的表达式(如子查询)。

【例 3-26】 创建订单明细表 lineitem,限制其订购数量 count 字段的值只能是 1～20 之间(包括 1 和 20)的数。具体代码如下。

```
CREATE TABLE lineitem (
    orderid        int          NOT NULL,
```

```
    foodid          int             NOT NULL,
    count           int             NOT NULL    CHECK(count>=1 and count<=20)
    PRIMARY KEY(orderid)
);
```

【例 3-27】　创建会员表 member,限制其等级编号 membertypeid 字段的值只能是会员等级表 membertype 表中等级编号字段的某一个 membertypeid 值。具体代码如下。

```
CREATE TABLE member (
    memberid        int             NOT NULL      UNIQUE,
    membertypeid    int             NOT NULL,
    membername      varchar(20)     NOT NULL      UNIQUE,
    sex             char(2),
    birthday        date,
    telephone       varchar(20),
    address         varchar(40)     NOT NULL,
    PRIMARY KEY(memberid),
    CHECK(membertypeid IN(SELECT membertypeid  FROM membertype)
);
```

3.3.2　命名完整性约束

在 MySQL 中,也可以对完整性约束进行添加、修改和删除等操作。其中,为了删除和修改完整性约束,需要在定义约束的同时对其进行命名。命名完整性约束的方式是在各种完整性约束的定义说明之前加上 CONSTRAINT 子句实现的。CONSTRAINT 子句的语法格式如下。

```
CONSTRAINT <symbol>
[PRIMAR KEY 短语|FOREIGN KEY 短语|CHECK 短语]
```

说明如下。

(1) symbol:用于指定约束名称。这个名字在完整性约束说明的前面被定义,在数据库里必须是唯一的。如果在创建时没有指定约束的名字,则 MySQL 将自动创建一个约束名字。

(2) PRIMAR KEY 短语:主键约束。

(3) FOREIGN KEY 短语:参照完整性约束。

(4) CHECK 短语:CHECK 约束。

【例 3-28】　重新创建会员表 member,命名为 member1,为其参照完整性约束命名 fk_membertypeid。具体代码如下。

```
CREATE TABLE member (
    memberid        int             NOT NULL,
```

```
    membertypeid       int              NOT NULL,
    membername         varchar(20)      NOT NULL,
    sex                char(2),
    birthday           date,
    telephone          varchar(20),
    address            varchar(40)      NOT NULL,
primary key(memberid),
CONSTRAINT fk_membertypeid FOREIGN KEY (membertypeid)
REFERENCES membertype (membertypeid)
ON DELETE RESTRICT
ON UPDATE RESTRICT
);
```

3.3.3　更新完整性约束

对各种约束命名后，就可以使用 ALTER TABLE 语句来更新或删除与列或表有关的各种约束。

1. 删除完整性约束

在 MySQL 中，使用 ALTER TABLE 语句，可以独立地删除完整性约束，而不会删除表本身。如果使用 DROP TABLE 语句删除一个表，那么这个表中的所有完整性约束也会自动被删除。删除完整性约束需要在 ALTER TABLE 语句中使用 DROP 关键字来实现，具体的语法格式如下。

```
DROP [FOREIGN KEY|INDEX|<symbol>]|[PRIMARY KEY]
```

说明如下。

（1）FOREIGN KEY：用于删除外键约束。

（2）INDEX：用于删除候选键约束。

（3）symbol：要删除的约束名称。

（4）PRIMARY KEY：用于删除主键约束。需要注意的是，在删除主键时，必须再创建一个主键，否则不能删除成功。

【例 3-29】　删除例 3-28 中的名称为 fk_membertypeid 的外键约束。具体代码如下。

```
ALTER TABLE member1  DROP FOREIGN KEY fk_membertypeid
```

2. 修改完整性约束

在 MySQL 中，完整性约束不能直接被修改，若要修改只能使用 ALTER TABLE 语句先删除该约束，然后再增加一个与该约束同名的新约束。由于删除完整性约束的语法已经介绍了，这里只给出在 ALTER TABLE 语句中添加完整性约束的语法格式。具体语法格式如下。

```
ADD CONSTRAINT <symbol> 各种约束
```

说明如下。

（1）symbol：为要添加的约束指定一个名称。

（2）各种约束：定义各种约束的语句，具体内容请参见 13.1 节和 13.2 节介绍的各种约束的添加语法。

【例 3-30】 更新例 3-28 中的名称为 fk_membertypeid 的外键约束为级联删除和级联更新。具体代码如下。

```
ALTER TABLE member DROP FOREIGN KEY fk_membertypeid;
ALTER TABLE member
ADD CONSTRAINT fk_membertypeid  FOREIGN KEY(membertypeid)
REFERENCES membertype (membertypeid)
ON DELETE CASCADE
ON UPDATE CASCADE
```

3.4　MySQL 存储引擎

存储引擎其实就是如何存储数据、如何为存储的数据建立索引和如何更新、查询数据等技术的实现方法。因为在关系数据库中数据是以表的形式存储的，所以存储引擎也可以称为表类型（即存储和操作此表的类型）。在 Oracle 和 SQL Server 等数据库中只有一种存储引擎，所有数据存储管理机制都是一样的；而 MySQL 数据库提供了多种存储引擎。用户可以根据不同的需求为数据表选择不同的存储引擎，用户也可以根据需要编写自己的存储引擎。

3.4.1　MySQL 存储引擎的概念

MySQL 中的数据用各种不同的技术存储在文件（或者内存）中。这些技术中的每一种技术都使用不同的存储机制、索引技巧、锁定水平并且最终提供广泛的、不同的功能和能力。通过选择不同的技术，能够获得额外的速度或者功能，从而改善应用的整体功能。

这些不同的技术以及配套的相关功能在 MySQL 中被称作存储引擎（也称作表类型）。MySQL 默认配置了许多不同的存储引擎，可以预先设置或者在 MySQL 服务器中启用。可以选择适用于服务器、数据库和表格的存储引擎，以便在选择如何存储信息、如何检索这些信息，以及需要的数据结合什么性能和功能的时候为其提供最大的灵活性。

3.4.2　查询 MySQL 中支持的存储引擎

在 MySQL 中，可以使用 SHOW ENGINES 语句查询 MySQL 中支持的存储引擎。其查询语句格式如下。

```
SHOW ENGINES;
```

执行结果如图 3-17 所示。

```
mysql> SHOW ENGINES;
+--------------------+---------+----------------------------------------------------------------+--------------+------+------------+
| Engine             | Support | Comment                                                        | Transactions | XA   | Savepoints |
+--------------------+---------+----------------------------------------------------------------+--------------+------+------------+
| MEMORY             | YES     | Hash based, stored in memory, useful for temporary tables      | NO           | NO   | NO         |
| MRG_MYISAM         | YES     | Collection of identical MyISAM tables                          | NO           | NO   | NO         |
| CSV                | YES     | CSV storage engine                                             | NO           | NO   | NO         |
| FEDERATED          | NO      | Federated MySQL storage engine                                 | NULL         | NULL | NULL       |
| PERFORMANCE_SCHEMA | YES     | Performance Schema                                             | NO           | NO   | NO         |
| MyISAM             | YES     | MyISAM storage engine                                          | NO           | NO   | NO         |
| InnoDB             | DEFAULT | Supports transactions, row-level locking, and foreign keys     | YES          | YES  | YES        |
| BLACKHOLE          | YES     | /dev/null storage engine (anything you write to it disappears) | NO           | NO   | NO         |
| ARCHIVE            | YES     | Archive storage engine                                         | NO           | NO   | NO         |
+--------------------+---------+----------------------------------------------------------------+--------------+------+------------+
9 rows in set (0.00 sec)
```

图 3-17　查询 MySQL 中支持的存储引擎

查询结果中的 Engine 参数指的是存储引擎的名称；Support 参数指的是 MySQL 是否支持该类引擎，YES 表示支持；Comment 参数指对该引擎的评论。

如果想要知道当前 MySQL 服务器采用的默认存储引擎是什么，则可以通过执行 SHOW VARIABLES 命令来查看。查询默认存储引擎的 SQL 语句如下。

```
show variables like "default_storage_engine";
```

执行结果如图 3-18 所示。

```
mysql> show variables like "default_storage_engine";
+------------------------+--------+
| Variable_name          | Value  |
+------------------------+--------+
| default_storage_engine | InnoDB |
+------------------------+--------+
1 row in set, 1 warning (0.00 sec)
```

图 3-18　MySQL 服务器默认存储引擎

当前 MySQL 服务器采用的默认存储引擎是 InnoDB。

3.4.3　InnoDB 存储引擎

InnoDB 被一些重量级 Internet 公司所采用，如雅虎、Slashdot 和 Google，为用户操作非常大的数据库提供了一个强大的解决方案。MySQL 从 3.23.34a 版本开始包含 InnoDB 存储引擎。InnoDB 是 MySQL 上第一个提供外键约束的表引擎。而且 InnoDB 对事务处理的能力，也是 MySQL 其他存储引擎无法比拟的。

InnoDB 存储引擎中支持自动增长列 AUTO_INCREMENT。自动增长列的值不能为空，且值必须唯一。MySQL 中规定自增列必须为主键。在插入值时，如果自动增长列不输入值，则插入的值为自动增长后的值；如果输入的值为 0 或空（NULL），则插入的值也为自动增长后的值；如果插入某个确定的值，且该值在前面没有出现过，则可以直接插入。

InnoDB 存储引擎的优势在于提供了良好的事务管理、崩溃修复能力和并发控制。缺点是其读写效率稍差,占用的数据空间相对比较大。

Oracle 的 InnoDB 存储引擎广泛应用于基于 MySQL 的 Web、电子商务、金融系统、健康护理以及零售应用。因为 InnoDB 可提供高效的 ACID 独立性(Atomicity)、一致性(Consistency)、隔离性(Isolation)、持久性(Durability)兼容事务处理能力,以及独特的高性能和具有可扩展性的构架要素。

另外,InnoDB 设计用于事务处理应用,这些应用需要处理崩溃恢复、参照完整性、高级别的用户并发数,以及响应时间超时服务水平。在 MySQL 5.5 中,最显著的增强性能是将 InnoDB 作为默认的存储引擎。在 MyISAM 以及其他表类型依然可用的情况下,用户无须更改配置,就可构建基于 InnoDB 的应用程序。

3.4.4　如何选择存储引擎

每种存储引擎都有各自的优势,不能笼统地说谁比谁更好,只有适合不适合。下面根据其不同的特性,给出选择存储引擎的建议。

(1) InnoDB 存储引擎:用于事务处理应用程序,具有众多特性,包括 ACID 事务支持,支持外键。同时支持崩溃修复能力和并发控制。如果需要对事务的完整性要求比较高,要求实现并发控制,那么选择 InnoDB 存储引擎有其很大的优势。如果需要频繁地进行更新、删除操作的数据库,也可以选择 InnoDB 存储引擎,因为该类存储引擎可以实现事务的提交(Commit)和回滚(Rollback)。

(2) MyISAM 存储引擎:管理非事务表,它提供高速存储和检索,以及全文搜索能力。MyISAM 存储引擎插入数据快,空间和内存使用比较低。如果表主要是用于插入新记录和读出记录,那么选择 MyISAM 存储引擎能实现处理的高效率。如果应用的完整性、并发性要求很低,也可以选择 MyISAM 存储引擎。

(3) MEMORY 存储引擎:MEMORY 存储引擎提供"内存中"的表,MEMORY 存储引擎的所有数据都在内存中,数据的处理速度快,但安全性不高。如果需要很快的读写速度,对数据的安全性要求较低,则可以选择 MEMORY 存储引擎。MEMORY 存储引擎对表的大小有要求,不能建太大的表。

3.4.5　设置数据表的存储引擎

在数据库中创建数据表时可为其设置不同的存储引擎。其语法格式如下。

```
CREATE TABLE [IF NOT EXISTS 数据表名
(字段名 数据类型[NOT NULL |NULL][DEFAULT 列默认值]...)
ENGINE=存储引擎
```

【例 3-31】　在网络点餐系统数据库 weborder 中创建会员等级表(membertype),存储引擎设置为 InnoDB。具体代码如下。

```
USE WEBORDER;
CREATE TABLE member (
    memberid          int              NOT NULL      PRIMARY KEY,
    membertypeid      int              NOT NULL,
    membername        varchar(20)      NOT NULL,
    sex               char(2),
    birthday          date,
    telephone         varchar(20),
    address           varchar(40)      NOT NULL,
) ENGINE=InnoDB;
```

本 章 小 结

（1）本章首先介绍了数据库的基本概念、数据库的常用对象，以及 MySQL 中的系统数据库，然后介绍了如何创建数据库、查看数据库、选择数据库、修改数据库和删除数据库。其中，创建数据库、选择数据库和删除数据库需要重点掌握，在实际开发中经常会应用到。

（2）介绍了如何创建数据表、查看表结构、修改表结构、重命名表、复制表和删除表等内容。其中，创建数据表和修改表结构这两部分内容比较重要，需要不断地练习才会了解得更加透彻。而且，这两部分很容易出现语法错误，必须在练习中掌握正确的语法规则。创建表和修改表后一定要查看表的结构，这样可以确认操作是否正确。删除表时一定要特别小心，因为删除表的同时会删除表中的所有数据。

（3）介绍了定义完整约束、命名完整性约束、删除完整性约束和修改完整性约束等内容。其中，定义完整性约束和命名完整性约束是本章的难点，需要读者认真学习、灵活掌握，这在以后的数据库设计中非常实用。

本 章 实 训

1. 实训目的

（1）掌握如何创建数据库。

（2）掌握如何创建数据表。

（3）掌握如何查看、修改、删除数据库。

（4）掌握如何查看、修改、删除数据表。

（5）掌握 MySQL 数据完整性约束。

2. 实训内容

说明：对第 2 章"卖赛扣"饭店网络点餐数据库，为了教学的需要，对部分表的字段进行了简化处理。

（1）创建网络点餐数据库（weborder）。

（2）创建会员等级表（membertype），表结构如下。

字段说明	字段名	数据类型	数据长度	允许空	默认值	备注
等级编号	membertypeid	int	4	否		PK（1：普通会员 2：VIP 会员 3：金卡会员）
等级名称	typename	varchar	10	否	1	
折扣	discount	decimal	10,2	否		

（3）创建会员表（member），表结构如下。

字段说明	字段名	数据类型	数据长度	允许空	默认值	备注
会员编号	memberid	int	4	否		PK
等级编号	membertypeid	int	4	否		
姓名	membername	varcharr	20	否		
性别	sex	char	2	是	男	
出生日期	birthday	date		是		
电话	telephone	varchar	20	否		
地址	address	varchar	40	否		

（4）创建菜品分类表（foodtype），表结构如下。

字段说明	字段名	数据类型	数据长度	允许空	默认值	备注
分类编号	foodtypeid	int	4	否		PK
分类名称	typename	varchar	20	否		

（5）创建菜品表（food），表结构如下。

字段说明	字段名	数据类型	数据长度	允许空	默认值	备注
菜品编号	foodid	int	4	否		PK
菜品名称	foodname	varchar	50	否		
菜品分类编号	foodtypeid	int	4	否		
价格	price	decimal(10,2)	10	否		
库存数量	count	int	4	否		
菜品介绍	description	varchar	200	是		

字段说明	字段名	数据类型	数据长度	允许空	默认值	备注
点餐率	hits	int	4	是	0	
备注	comment	int	2	否	-1	-1：正常菜 0：厨师推荐菜品 -2：已售完 正整数：特价菜品价格

（6）创建订单表（orders），表结构如下。

字段说明	字段名	数据类型	数据长度	允许空	默认值	备注
订单编号	orderid	int	8	否		PK
会员编号	memberid	int	4	否		
订单总价	totalprice	decimal(10,2)	10	是		
订单日期	date	datetime		否		当前日期
订单状态	status	tinyint	1	否		订单是否处理：1 表示处理，0 表示待处理

（7）创建订单明细表（lineitem），表结构如下。

字段说明	字段名	数据类型	数据长度	允许空	默认值	备注
订单编号	orderid	int	8	否		PK
菜品编号	foodid	int	4	否		PK
订购数量	count	int	4	否	1	

（8）创建桌台表（room），表结构如下。

字段说明	字段名	数据类型	数据长度	允许空	默认值	备注
桌台编号	roomid	varcharr	8	否		PK
桌台名称	roomname	varcharr	20	否		
桌台包间费	roomBJF	decimal(10,2)	10	是	0	
座位数	num	int	8	否		
桌台状态	state	varcharr	8	否		

（9）创建职员表（waiter），表结构如下。

字段说明	字段名	数据类型	数据长度	允许空	默认值	备注
职员编号	waiterid	varcharr	8	否		PK
职员姓名	waitername	varcharr	20	否		
性别	sex	4	20	是		
年龄	age	int	8	是		
电话	telephone	varchar	20	否		
职员身份	identity	varchar	20	否		

（10）创建消费信息表（guestfood），表结构如下。

字段说明	字段名	数据类型	数据长度	允许空	默认值	备注
消费编号	id	int	4	否		PK
会员编号	memberid	varcharr	4	否		PK
桌台编号	roomid	varcharr	8	否	1	
职员编号	waiterid	varcharr	8	否		
消费时间	Datetime	datetime		否		

（11）为桌台表 room 中的桌台包间费 roomBJF 列添加 CHECK 完整性约束，包间费在 0～200（元）之间。

（12）为职员表 waiter 中的性别 sex 列添加 CHECK 完整性约束，以保证性别只能包含"男"或"女"。

（13）为会员表 member 创建外键，其等级编号 membertypeid 列的值必须是会员等级表 membertype 中等级编号 membertypeid 存在的值，删除或修改会员类型表中的等级编号时，会员表中的等级编号列的数据也要随之变化。

（14）为菜品表 food 创建外键，其菜品分类编号 foodtypeid 列的值必须是菜品分类表 foodtype 中分类编号 foodtypeid 存在的值，删除或修改菜品分类型表中的分类编号时，菜品表中的菜品分类编号列的数据也要随之变化。

本 章 练 习

1. 选择题

（1）以下创建数据库的语句错误的是（　　　）。

    A. CREATE DATABASE book

    B. CREATE DATABASE sh.book

    C. CREATE DATABASE sh_book

    D. CREATE DATABASE _book

（2）以下为数据表重命名错误的是（　　　）。

    A. ALTER TABLE t1 RENAME re_test

    B. ALTER TABLE t1 RENAME AS re_test

    C. RENAME TABLE t1 re_test

    D. RENAME TABLE t1 TO re_test

（3）以下不属于 MySQL 安装时自动创建的数据库是（　　　）。

    A. information_schema   B. mysql

    C. sys   D. mydb

（4）在 MySQL 中，建立数据库使用的命令是（　　）。

    A. CREATE DATABASE   B. CREATE TABLE

    C. CREATE VIEW   D. CREATE INDEX

（5）对于 MySQL，错误的说法是（　　）。

    A. MySQL 是一款关系数据库系统

    B. MySQL 是一款网络数据库系统

    C. MySQL 可以在 Linux 或 Windows 操作系统下运行

    D. MySQL 对 SQL 的支持不是太好

（6）在创建表时，不允许某列为空可以使用（　　）。

    A. NOT NULL   B. NO NULL

    C. NOT BLANK   D. NO BLANK

（7）ALTER TABLE t1 MODIFY b INT NOT NULL 语句的作用是（　　）。

    A. 修改数据库表名为 b   B. 修改表 t1 中列 b 的列名

    C. 在表 t1 中添加一列 b   D. 修改表 t1 中列 b 的数据类型

（8）可以独立地删除完整性约束，而不会删除表的语句是（　　）。

    A. ALTER TABLE   B. DROP TABLE

    C. CHECK TABLE   D. DEL ALTER

（9）以下查看数据表的语句错误的是（　　）。

    A. SHOW TABLE STATUS

    B. SHOW TABLE STATUS FROM mydb

    C. SHOW TABLE STATUS LIKE '%t%'

    D. 以上答案都不正确

（10）下面关于 SHOW TABLES LIKE 't%'描述错误的是（　　）。

    A. 用于查看名称以 t 开头的数据表

    B. "%"表示匹配一个字符

    C. "%"表示匹配零个或多个字符

    D. SHOW TABLES 可获取指定数据库下所有的数据表

（11）InnoDB 表的自动增长字段值为 1 和 2，那么删除 2 后，重启服务器，再次插入记录，自动增长字段的值为（　　）。

    A. 1   B. 2   C. 3   D. 4

（12）下面关于唯一约束描述错误的是（　　）。

    A. 唯一约束的字段可以有多个 NULL 值

    B. 表级的唯一性约束可应用在多个字段上

    C. 添加唯一约束后，插入重复记录会失败

    D. 以上答案都不正确

2. 填空题

（1）数据库命名时，名称最长可为_____个字符。

（2）MySQL 支持的数据类型主要分成 3 类：数值类型、_____、日期和时间类型。

（3）在 MYSQL 中,实体完整性是通过主键约束和_____约束来实现的。

（4）_____是指数据的正确性和相容性,是为了防止数据库中存在不符合语义的数据,即防止数据库中存在不正确的数据。

（5）在关系模型中,提供了实体完整性、_____和用户定义完整性 3 项规则。

（6）_____规则就是定义外码(外键)和主码(主键)之间的引用规则,它是对关系间引用数据的一种限制。

（7）MySQL 支持非空约束、_____约束和触发器 3 种用户自定义完整性约束。

第4章 数据操作

学习目标
- 掌握插入表数据的方法。
- 掌握修改表中数据的方法。
- 掌握删除表数据的两种方法。

在第 3 章,我们学习了如何建立了数据库和数据库表的结构,接下来需要将数据保存到数据库表中。本章讨论的数据操作包括数据的插入、修改和删除。通过对本章的学习,读者能使用 SQL 语言实现数据的插入、修改和删除。数据操作可以是对单表进行操作,也可以是对多表同时进行操作。

4.1 插 入 数 据

MySQL 使用 INSERT 语句向数据表中插入数据,并且根据添加方式的不同分为 3 种,分别是为表插入完整数据、为表的指定字段添加数据、插入多条记录。INSERT 语句的语法格式如下。

```
INSERT［IGNORE］
［INTO］数据表名［(字段名,...)］
VALUES({值|DEFAULT},...),(...), ...
［ON DUPLICATE KEY UPDATE 字段名］表达式,...］
```

说明如下。

(1)［IGNORE］:可选项,表示在执行 INSERT 语句时,所出现的错误都会被当作警告处理。

(2)［INTO］数据表名:可选项,用于指定被操作的数据表。

(3)［(字段名,...)］:可选项,当不指定该选项时,表示要向表中所有列插入数据,否则表示向数据表的指定列插入数据。

(4) VALUES({值|DEFAULT},...),(...):必选项,用于指定需要插入的数据清单,其顺序必须与字段的顺序相对应。其中的每一列的数据可以是一个常量、变量、表达式或者 NULL,但是其数据类型要与对应的字段类型相匹配;也可以直接使用 DEFAULT 关键字,表示为该列插入默认值,但是使用的前提是已经明确指定了默认值,否则会出错。

（5）［ON DUPLICATE KEY UPDATE 字段名］：可选项，用于指定向表中插入行时，如果导致 UNIQUEKEY 或 PRIMARY KEY 出现重复值，则系统会根据 UPDATE 后的语句修改表中原有行数据。

4.1.1　插入完整数据

通常情况下，向数据表中添加的新记录应该包含表的所有字段，即为该表中的所有字段添加数据。

向表中添加新记录时，可以在 INSERT 语句中列出表的所有字段名，每个值的顺序、类型必须与对应的字段相匹配。

【例 4-1】　向 weborder 数据库的会员表 member 中插入一行数据。会员编号 memberid 的值为"8"，等级编号 membertypeid 的值为"1"，姓名 membername 的值为"张琪"，性别 sex 的值为"女"，出生日期 birthday 的值为"2000-01-02"，电话 telephone 的值为"13709888955"，地址 address 的值为"济南市经十路 1101 号"（注：本书案例所提及的姓名、电话、地址等信息均为虚拟，仅为教学使用）。具体代码如下。

```
USE weborder
INSERT INTO member(memberid, membertypeid, membername, sex, birthday, telephone,
address)
VALUES(8, 1,"张琪","女","2000-1-2","13709888955","济南市经十路1101号");
```

执行成功后，通过 SELECT 语句查看添加的数据。

执行结果如图 4-1 所示。

```
mysql> INSERT INTO member(memberid,membertypeid,membername, sex,birthday,telephone, address)
    -> VALUES(8, 1,"张琪","女","2000-1-2","13709888955","济南市经十路1101号");
Query OK, 1 row affected (0.02 sec)

mysql> select * from member;
+----------+--------------+------------+-----+------------+-------------+------------------------+
| memberid | membertypeid | membername | sex | birthday   | telephone   | address                |
+----------+--------------+------------+-----+------------+-------------+------------------------+
|        1 |            1 | 张明瑞      | 男  | 2000-01-23 | 13545348955 | 北京市丰台玉泉营街56号    |
|        2 |            2 | 王艳        | 女  | 1999-12-03 | 13756789009 | 济南市历下区高新区莱茵格调街区 |
|        3 |            1 | 张凯        | 男  | 2001-03-12 | 13023433999 | 济南市市中区经十路2065号  |
|        4 |            2 | 李晓成      | 男  | 1999-10-10 | 15634556684 | 济南市历下区经十路11101号 |
|        5 |            2 | 李丰年      | 男  | 2002-01-23 | 17834210012 | 天津市河北区望海楼街     |
|        6 |            3 | 赵宏娟      | 女  | 1980-03-03 | 18044985544 | 天津市河北区串场街       |
|        7 |            3 | 梁小红      | 女  | 2001-05-04 | 13022348867 | 赣州市章贡区水南镇       |
|        8 |            1 | 张琪        | 女  | 2000-01-02 | 13709888955 | 济南市经十路1101号       |
+----------+--------------+------------+-----+------------+-------------+------------------------+
8 rows in set (0.00 sec)
```

图 4-1　向会员表 member 中插入一行数据（1）

在 MySQL 中，可以通过不指定字段名的方式添加记录，由于 INSERT 语句中没有指定字段名，添加的值的顺序必须和字段在表中定义的顺序相同。

【例 4-2】　向 weborder 数据库的会员表 member 中插入一行数据。会员编号 memberid 的值为"9"，等级编号 membertypeid 的值为"2"，姓名 membername 的值为"周小宝"，性别 sex 的值为"男"，出生日期 birthday 的值为"2001-10-02"，电话 telephone 的值为"130412248911"。地址 address 的值为"济南市经十路 201 号"。具体代码如下。

```
INSERT INTO member
VALUES(9, 2,"周小宝","男"," 2001-10-2"," 130412248911","济南市经十路 201 号");
```

执行结果如图 4-2 所示。

```
mysql> INSERT INTO member
    -> VALUES(9, 2,"周小宝","男","2001-10-2","130412248911","济南市经十路201号");
Query OK, 1 row affected (0.03 sec)

mysql> select * from member;
+----------+--------------+------------+-----+------------+--------------+---------------------------+
| memberid | membertypeid | membername | sex | birthday   | telephone    | address                   |
+----------+--------------+------------+-----+------------+--------------+---------------------------+
|        1 |            1 | 张明瑞     | 男  | 2000-01-23 | 13545348955  | 北京市丰台玉泉营街56号    |
|        2 |            2 | 王艳       | 女  | 1999-12-03 | 13756789009  | 济南市历下区高新区莱茵格调街区 |
|        3 |            1 | 张凯       | 男  | 2001-03-12 | 13023433999  | 济南市市中区经十路2065号  |
|        4 |            2 | 李晓成     | 男  | 1999-10-10 | 15634556684  | 济南市历下区经十路11101号 |
|        5 |            2 | 李丰年     | 男  | 2002-01-23 | 17834210012  | 天津市河北区望海楼街      |
|        6 |            3 | 赵宏娟     | 女  | 1980-03-03 | 18044985544  | 天津河北区串场街          |
|        7 |            3 | 梁小红     | 女  | 2001-05-04 | 13022348867  | 赣州市章贡区水南镇        |
|        8 |            1 | 张琪       | 女  | 2000-01-02 | 13709888955  | 济南市经十路1101号        |
|        9 |            2 | 周小宝     | 男  | 2001-10-02 | 13041224891  | 济南市经十路201号         |
+----------+--------------+------------+-----+------------+--------------+---------------------------+
9 rows in set (0.00 sec)
```

图 4-2　向会员表 **member** 中插入一行数据（2）

4.1.2　为表的指定字段添加数据

为表的指定字段添加数据，就是在 INSERT 语句中只向部分字段中添加值，而其他字段的值为表定义时的默认值。为表的指定字段添加数据的基本语法格式如下。

```
INSERT INTO 表名(字段 1,字段 2, ...)
VALUES(值 1,值 2,…)
```

在上述语法格式中，"字段 1,字段 2,…"表示数据表中的字段名称，此次只指定表中部分字段的名称。"值 1,值 2,…"表示指定字段的值，每个值的顺序、类型必须与对应的字段相匹配。

【例 4-3】　向 weborder 数据库的会员表 member 中插入一条新的数据。会员编号 memberid 的值为"10"，等级编号 membertypeid 的值为"2"，姓名 membername 的值为"谭健"，电话 telephone 的值为"13123442344"，地址 address 的值为"济南市天桥区"，其他字段不指定值。具体代码如下。

```
INSERT INTO member (memberid,membertypeid,membername, telephone, address)
VALUES(10, 2,"谭健","13123442344","济南市天桥区");
```

执行结果如图 4-3 所示。

从执行结果可以看出，新记录添加成功，但是 sex 和 birthda 字段的值为 NULL。这是因为在添加新记录时，如果没有为某个字段赋值，则系统会自动为该字段添加默认值。

说明如下。

（1）如果某个字段在定义时添加了非空约束，但没有添加 default 约束，那么插入新记录时就必须为该字段赋值，否则数据库系统会提示错误。

```
mysql> INSERT INTO member (memberid,membertypeid,membername, telephone, address)
    -> VALUES(10, 2,"谭健","13123442344","济南市天桥区");
Query OK, 1 row affected (0.02 sec)

mysql> select * from member;
+----------+--------------+------------+------+------------+-------------+-------------------------+
| memberid | membertypeid | membername | sex  | birthday   | telephone   | address                 |
+----------+--------------+------------+------+------------+-------------+-------------------------+
|        1 |            1 | 张明瑞     | 男   | 2000-01-23 | 13545348955 | 北京市丰台玉泉营街56号    |
|        2 |            2 | 王艳       | 女   | 1999-12-03 | 13756789009 | 济南市历下区高新区莱茵格调街区 |
|        3 |            2 | 张凯       | 男   | 2001-03-12 | 13023433999 | 济南市市中区经十路2065号   |
|        4 |            2 | 李晓成     | 男   | 1999-10-10 | 15634556684 | 济南市历下区经十路11101号  |
|        5 |            2 | 李丰年     | 男   | 2002-01-23 | 17834210012 | 天津市河北区望海楼街      |
|        6 |            3 | 赵宏娟     | 女   | 1980-03-03 | 18044985544 | 天津市河北区串场街        |
|        7 |            3 | 梁小红     | 女   | 2001-05-04 | 13022348867 | 赣州市章贡区水南镇        |
|        8 |            1 | 张琪       | 女   | 2000-01-02 | 13709888955 | 济南市经十路1101号        |
|        9 |            2 | 周小宝     | 男   | 2001-10-02 | 13041224891 | 济南市经十路201号         |
|       10 |            2 | 谭健       | NULL | NULL       | 13123442344 | 济南市天桥区             |
+----------+--------------+------------+------+------------+-------------+-------------------------+
10 rows in set (0.00 sec)
```

图 4-3 向会员表 member 中插入一行数据（3）

（2）为指定字段添加数据时，指定字段也无须与其在表中定义的顺序一致，它们只要与 VALUES 中值的顺序一致即可。

4.1.3 同时添加多条记录

通过 INSERT 语句还可以实现一次性插入多条数据记录。使用该方法批量插入数据，比使用多条单行的 INSERT 语句的效率要高。其语法格式如下。

```
INSERT INTO 表名[(字段名 1,字段名 2,...)]
VALUES(值 1,值 2,...),(值 1,值 2,...),
(值 1,值 2,...);
```

在上述语法格式中，"(字段名 1,字段名 2,...)"是可选的，用于指定插入的字段名。"(值 1,值 2,...)"表示要插入的记录，该记录可以有多条，并且每条记录之间用逗号隔开。

【例 4-4】 向 weborder 数据库的会员表 member 中同时插入 3 条新的数据。具体代码如下。

```
INSERT INTO member (memberid,membertypeid,membername, telephone, address)
VALUES(11, 1,"刘秀荣","13800776677","济南市解放桥 3 号"),
(12,2,"郑明","13600776677","济南市解放桥 4 号"),
(13,3,"王心怡","13833446677","济南市解放桥 5 号");
```

执行结果如图 4-4 所示。

4.1.4 使用 INSERT...SET 插入数据

在 MySQL 中，除了可以使用 INSERT...VALUES 语句插入数据外，还可以使用 INSERT...SET 语句插入数据。这种语法格式用于通过直接给表中的某些字段指定对应的值来实现插入指定数据，对于未指定值的字段将采用默认值进行添加。INSERT...SET 语

```
mysql> INSERT INTO member (memberid,membertypeid,membername, telephone, address)
    -> VALUES(11, 1,"刘秀荣","13800776677","济南市解放桥3号"),
    -> (12,2,"郑明","13600776677","济南市解放桥4号"),
    -> (13,3,"王心怡","13833446677","济南市解放桥5号");
Query OK, 3 rows affected (0.01 sec)
Records: 3 Duplicates: 0 Warnings: 0

mysql> select * from member;
```

memberid	membertypeid	membername	sex	birthday	telephone	address
1	1	张明瑞	男	2000-01-23	13545348955	北京市丰台区玉泉营街56号
2	2	王艳	女	1999-12-03	13756789009	济南市历下区高新区莱茵格调街区
3	1	张凯	男	2001-03-12	13023433999	济南市市中区经十路2065号
4	2	李晓成	男	1999-10-10	15634556684	济南市历下区经十路11101号
5	2	李丰年	男	2002-01-23	17834210012	天津市河北区望海楼街
6	3	赵宏娟	女	1980-03-03	18044985544	天津市河北区串场街
7	3	梁小红	女	2001-05-04	13022348867	赣州市章贡区水南镇
8	1	张琪	女	2000-01-02	13709888955	济南市经十路1101号
9	2	周小宝	男	2001-10-02	13041224891	济南市经十路201号
10	2	谭健	NULL	NULL	13123442344	济南市天桥区
11	1	刘秀荣	NULL	NULL	13800776677	济南市解放桥3号
12	2	郑明	NULL	NULL	13600776677	济南市解放桥4号
13	3	王心怡	NULL	NULL	13833446677	济南市解放桥5号

```
13 rows in set (0.00 sec)
```

图 4-4　向会员表 member 中插入 3 条数据

句的语法格式如下。

```
INSERT[INTO]数据表名
SET 字段名={值|DEFAULT},...
```

说明：SET 字段名＝{值|DEFAULT}用于给数据表中的某些字段设置要插入的值。

【例 4-5】　通过 INSERT...SET 语句向 weborder 数据库的会员表 member 中插入一条新的数据。具体代码如下。

```
INSERT INTO member
SET memberid=14, membertypeid=1, membername="李明", telephone="15680083456",
address="济南市经八路110号";
```

执行结果如图 4-5 所示。

```
mysql> INSERT INTO member
    -> SET memberid=14,membertypeid=1,membername="李明",telephone="15680083456", address="济南市经八路110号";
Query OK, 1 row affected (0.02 sec)

mysql> select * from member;
```

memberid	membertypeid	membername	sex	birthday	telephone	address
1	1	张明瑞	男	2000-01-23	13545348955	北京市丰台区玉泉营街56号
2	2	王艳	女	1999-12-03	13756789009	济南市历下区高新区莱茵格调街区
3	1	张凯	男	2001-03-12	13023433999	济南市市中区经十路2065号
4	2	李晓成	男	1999-10-10	15634556684	济南市历下区经十路11101号
5	2	李丰年	男	2002-01-23	17834210012	天津市河北区望海楼街
6	3	赵宏娟	女	1980-03-03	18044985544	天津市河北区串场街
7	3	梁小红	女	2001-05-04	13022348867	赣州市章贡区水南镇
8	1	张琪	女	2000-01-02	13709888955	济南市经十路1101号
9	2	周小宝	男	2001-10-02	13041224891	济南市经十路201号
10	2	谭健	NULL	NULL	13123442344	济南市天桥区
11	1	刘秀荣	NULL	NULL	13800776677	济南市解放桥3号
12	2	郑明	NULL	NULL	13600776677	济南市解放桥4号
13	3	王心怡	NULL	NULL	13833446677	济南市解放桥5号
14	1	李明	NULL	NULL	15680083456	济南市经八路110号

```
14 rows in set (0.00 sec)
```

图 4-5　向会员表 member 中插入一条新的数据

4.2　数　据　修　改

要对表中存在的记录进行修改,可以使用 UPDATE 语句,其语法格式如下。

```
UPDATE [IGNORE]数据表名
SET 字段 1=值 1[,字段 2=值 2...]
[WHERE 条件表达式]
[ORDER BY...]
[LIMIT 行数]
```

说明如下。

(1)[IGNORE]:在 MySQL 中,通过 UPDATE 语句更新表中多行数据时,如果出现错误,那么整个 UPDATE 语句操作都会被取消,错误发生前更新的所有行将被恢复到它们原来的值。因此,为了在发生错误时也要继续进行更新,则可以在 UPDATE 语句中使用IGNORE 关键字。

(2)SET 字段:必选项,用于指定表中要修改的字段名及其字段值。其中的值可以是表达式,也可以是该字段所对应的默认值。如果指定默认值,那么使用关键字 DEFAULT指定。

(3)WHERE 条件表达式:可选项,用于限定表中要修改的行,如果不指定该子句,那么 UPDATE 语句会更新表中的所有行。

(4)ORDER BY...:可选项,用于限定表中的行被修改的次序。

(5)LIMIT 行数:可选项,用于限定被修改的行数。

【例 4-6】　将菜品表 food 中所有库存数量增加 100。具体代码如下。

```
UPDATE food
SET count=count+100;
```

然后执行“SELECT foodid,foodname,foodtypeid,price,count FROM food;”命令,查看修改是否成功。

执行结果如图 4-6 所示。

【例 4-7】　将会员表 member 中王艳的会员等级类型 membertypeid 修改为 2 级。具体代码如下。

```
UPDATE member
SET membertypeid=2 WHERE membername="王艳";
```

然后执行“SELECT ＊ FROM member;”命令,查看是否修改成功。

执行结果如图 4-7 所示。

```
mysql> UPDATE food
    -> SET count=count+100;
Query OK, 19 rows affected (0.02 sec)
Rows matched: 19  Changed: 19  Warnings: 0

mysql> SELECT foodid, foodname, foodtypeid, price, count FROM food;
+--------+----------------+------------+--------+-------+
| foodid | foodname       | foodtypeid | price  | count |
+--------+----------------+------------+--------+-------+
|      1 | 凉拌鱼皮        |          1 |  28.00 |   150 |
|      2 | 糖醋蒜泥藕      |          1 |  26.00 |   200 |
|      3 | 凉拌有机菜花    |          1 |  20.00 |   220 |
|      4 | 蒜泥拍黄瓜      |          1 |  26.00 |   190 |
|      5 | 什锦豆腐        |          2 |  30.00 |   140 |
|      6 | 剁椒蒸鸡翅      |          2 |  50.00 |   154 |
|      7 | 西红柿炒鸡蛋    |          2 |  30.00 |   160 |
|      8 | 年年有鱼        |          2 |  55.00 |   140 |
|      9 | 洋葱木耳炒虾仁  |          2 |  45.00 |   130 |
|     10 | 菠菜面          |          3 |  23.00 |   220 |
|     11 | 茴香猪肉饺子    |          3 |  30.00 |   400 |
|     12 | 葱油饼          |          3 |  16.00 |   400 |
|     13 | 花卷            |          3 |   3.00 |   600 |
|     14 | 蛋炒饭          |          3 |  10.00 |   700 |
|     15 | 虾仁菌汤        |          4 |  30.00 |   220 |
|     16 | 油菜蛋花汤      |          4 |  26.00 |   400 |
|     17 | 冬瓜汤          |          4 |  20.00 |   300 |
|     18 | 草莓汁          |          5 |  20.00 |   500 |
|     19 | 鲜橙汁          |          5 |  25.00 |   500 |
+--------+----------------+------------+--------+-------+
19 rows in set (0.00 sec)
```

图 4-6　将菜品表 food 中所有库存数量增加 100

```
mysql> UPDATE member
    -> SET membertypeid=2 WHERE membername="王艳";
Query OK, 1 row affected (0.01 sec)
Rows matched: 1  Changed: 1  Warnings: 0

mysql> select * from member;
+----------+--------------+------------+------+------------+-------------+-------------------------+
| memberid | membertypeid | membername | sex  | birthday   | telephone   | address                 |
+----------+--------------+------------+------+------------+-------------+-------------------------+
|        1 |            1 | 张明瑞     | 男   | 2000-01-23 | 13545348955 | 北京市丰台区玉泉营街56号 |
|        2 |            2 | 王艳       | 女   | 1999-12-03 | 13756789009 | 济南市历下区高新区莱茵格调街区 |
|        3 |            1 | 张凯       | 男   | 2001-03-12 | 13023433999 | 济南市市中区经十路2065号 |
|        4 |            2 | 李晓成     | 男   | 1999-10-10 | 15634556684 | 济南市历下区经十路11101号 |
|        5 |            2 | 李丰年     | 男   | 2002-01-23 | 17834210012 | 天津市河北区望海楼街     |
|        6 |            3 | 赵宏娟     | 女   | 1980-03-03 | 18044985544 | 天津市河北区串场街       |
|        7 |            3 | 梁小红     | 女   | 2001-05-04 | 13022348867 | 赣州市章贡区水南镇       |
|        8 |            1 | 张琪       | 女   | 2000-01-02 | 13709888955 | 济南市经十路1101号       |
|        9 |            2 | 周小宝     | 男   | 2001-10-02 | 13041224891 | 济南市经十路201号        |
|       10 |            2 | 谭健       | NULL | NULL       | 13123442344 | 济南市天桥区             |
|       11 |            1 | 刘秀荣     | NULL | NULL       | 13800776677 | 济南市解放桥3号          |
|       12 |            2 | 郑明       | NULL | NULL       | 13600776677 | 济南市解放桥4号          |
|       13 |            3 | 王心怡     | NULL | NULL       | 13833446677 | 济南市解放桥5号          |
|       14 |            1 | 李明       | NULL | NULL       | 15680083456 | 济南市经八路110号        |
+----------+--------------+------------+------+------------+-------------+-------------------------+
14 rows in set (0.00 sec)
```

图 4-7　修改会员表 member 中王艳的会员等级类型

4.3　删除数据

删除数据是指对表中存在的记录进行删除，这是数据库的常见操作。MySQL 中使用 DELETE 语句或者 TRUNCATE TABLE 语句来删除表中的记录。

4.3.1　通过 DELETE 语句删除数据

通过 DELETE 语句删除数据,其语法格式如下。

```
DELETE　FROM 表名[WHERE 条件表达式]
```

说明如下。

(1) 表名:指定要执行删除操作的表。

(2) [WHERE 条件表达式]:可选参数,用于指定删除的条件。

(3) DELETE 语句可以删除表中的部分数据和全部数据。

(4) 如果没有指定 WHERE 条件,则将删除所有的记录;如果指定了 WHERE 条件,则将按照指定的条件进行删除。

(5) 删除记录后将无法恢复,该命令要慎用。

【例 4-8】　删除会员表 member 中会员姓名 membername 为"李明"的记录信息。具体代码如下。

```
DELETE FROM member WHERE membername="李明";
```

然后执行"SELECT ＊ FROM member;"命令,查看是否删除成功。

执行结果如图 4-8 所示。

```
mysql> DELETE FROM member WHERE membername="李明";
Query OK, 1 row affected (0.01 sec)

mysql> select * from member;
+----------+--------------+------------+------+------------+-------------+-----------------------------+
| memberid | membertypeid | membername | sex  | birthday   | telephone   | address                     |
+----------+--------------+------------+------+------------+-------------+-----------------------------+
|        1 |            1 | 张明瑞     | 男   | 2000-01-23 | 13545348955 | 北京市丰台区玉泉营街56号     |
|        2 |            2 | 王艳       | 女   | 1999-12-03 | 13756789009 | 济南市历下区高新区莱茵格调街区 |
|        3 |            1 | 张凯       | 男   | 2001-03-12 | 13023433999 | 济南市市中区经十路2065号     |
|        4 |            2 | 李晓成     | 男   | 1999-10-10 | 15634556684 | 济南市历下区经十路11101号    |
|        5 |            2 | 李丰年     | 男   | 2002-01-23 | 17834210012 | 天津市河北区望海楼街        |
|        6 |            3 | 赵宏娟     | 女   | 1980-03-03 | 18044985544 | 天津市河北区串场街          |
|        7 |            3 | 梁小红     | 女   | 2001-05-04 | 13022348867 | 赣州市章贡区水南镇          |
|        8 |            1 | 张琪       | 女   | 2000-01-02 | 13709888955 | 济南市经十路1101号          |
|        9 |            2 | 周小宝     | 男   | 2001-10-02 | 13041224891 | 济南市经十路201号           |
|       10 |            2 | 谭健       | NULL | NULL       | 13123442344 | 济南市天桥区                |
|       11 |            1 | 刘秀荣     | NULL | NULL       | 13800776677 | 济南市解放桥3号             |
|       12 |            2 | 郑明       | NULL | NULL       | 13600776677 | 济南市解放桥4号             |
|       13 |            3 | 王心怡     | NULL | NULL       | 13833446677 | 济南市解放桥5号             |
+----------+--------------+------------+------+------------+-------------+-----------------------------+
13 rows in set (0.00 sec)
```

图 4-8　删除会员表李明的记录信息

【例 4-9】　删除 tb_member 表中所有记录。具体代码如下。

```
DELETE FROM tb_member;
```

4.3.2　通过 TRUNCATE TABLE 语句删除数据

在删除数据时,如果要从表中删除所有的行,则可通过 TRUNCATE TABLE 语句删除。基本语法格式如下。

```
TRUNCATE［TABLE］数据表名
```

在上面的语法中，数据表名表示的就是删除的数据表的表名，也可以使用"数据库名.数据表名"来指定该数据表隶属于哪个数据库。

由于 TRUNCATE TABLE 语句会删除数据表中的所有数据，并且无法恢复，因此使用 TRUNCATE TABLE 语句时一定要十分小心。

【例 4-10】 首先把菜品表 food 复制一份，表名为 tb_food。然后删除 tb_food 表中所有记录。具体代码如下。

```
CREATE TABLE tb_food SELECT * FROM food;
TRUNCATE TABLE tb_food;
```

执行结果如图 4-9 所示。

```
mysql> CREATE TABLE tb_food SELECT * FROM food;
Query OK, 19 rows affected (0.05 sec)
Records: 19  Duplicates: 0  Warnings: 0

mysql> TRUNCATE TABLE tb_food;
Query OK, 0 rows affected (0.07 sec)
```

图 4-9　复制菜品表 food

DELETE 语句和 TRUNCATE TABLE 语句的区别如下。

（1）使用 TRUNCATE TABLE 语句后，表中的 AUTO_INCREMENT 计数器将被重新设置为该列的初始值。

（2）对于参与了索引和视图的表，不能使用 TRUNCATE TABLE 语句来删除数据，而应用使用 DELETE 语句。

（3）TRUNCATE TABLE 操作相比 DELETE 操作使用的系统和事务日志资源少。DELETE 语句每删除一行都会在事务日志中添加一行记录，而 TRUNCATE TABLE 语句是通过释放存储表数据所用的数据页来删除数据的，因此只在事务日志中记录页的释放。

本 章 小 结

本章介绍了在 MySQL 中向数据表中添加数据库、修改数据和删除数据的具体方法，也就是对表数据的增、删和改操作。这 3 种操作在实际开发中经常应用。因此，对于本章的内容需要认真学习，争取做到举一反三、灵活应用。

本 章 实 训

1. 实训目的

（1）学会使用 SQL 语句进行数据的插入操作。

（2）学会使用 SQL 语句进行数据的修改操作。

（3）学会使用 SQL 语句进行数据的删除操作。

2. 实训内容

（1）创建网络点餐数据库（weborder）。

（2）在会员等级表（membertype）中插入以下样本数据。

membertypeid	typename	discount
1	普通会员	1.00
2	VIP	0.90
3	金卡会员	0.80

（3）在会员表（member）中插入以下样本数据。

memberid	membertypeid	membername	sex	birthday	telephone	address
1	1	张明瑞	男	2000-01-23	13545348955	北京市丰台区玉泉营街 56 号
2	1	王艳	女	1999-12-03	13756789009	济南市历下区高新区莱茵格调街区
3	1	张凯	男	2001-03-12	13023433999	济南市市中区经十路 2065 号
4	2	李晓成	男	1999-10-10	15634556684	济南市历下区经十路 11101 号
5	2	李丰年	男	2002-01-23	17834210012	天津市河北区望海楼街
6	3	赵宏娟	女	1980-03-03	18044985544	天津市河北区串场街
7	3	梁小红	女	2001-05-04	13022348867	赣州市章贡区水南镇

（4）在菜品分类表（foodtype）中插入以下样本数据。

foodtypeid	typename
1	凉菜
2	热菜
3	主食
4	汤羹
5	饮品

（5）在菜品表（food）中插入以下样本数据。

foodid	foodname	foodtypeid	price	count	description	hits	comment
1	凉拌鱼皮	1	28.00	50	原料：鱼皮、凉拌醋、姜、蒜、小米辣、辣椒粉、辣椒面、白芝麻	100	-1
2	糖醋蒜泥藕	1	26.00	100	原料：莲藕、小米椒、蒜泥、盐、白糖、味精、香油	100	-1
3	凉拌有机菜花	1	20.00	120	原料：有机菜花、小米椒、盐、蒜泥、白糖、味精、香油	80	-1
4	蒜泥拍黄瓜	1	26.00	90	原料：黄瓜、蒜泥、葱花、盐	120	20
5	什锦豆腐	2	30.00	40	原料：豆腐、木耳、洋葱、青椒、番茄、青蒜、大葱、蒜、盐、水淀粉、酱油、蚝油、剁椒、五香粉	30	-1
6	剁椒蒸鸡翅	2	50.00	54	原料：鸡翅、剁椒、香葱、盐、生抽、蒜末、姜末、老抽、料酒	30	-1
7	西红柿炒鸡蛋	2	30.00	60	原料：西红柿、鸡蛋、葱花、淀粉水、猪油、白糖、盐、葱油	55	0
8	年年有鱼	2	55.00	40	原料：金昌鱼、辣椒、葱、姜、玉米油、蒸鱼豉油、盐、料酒	60	0
9	洋葱木耳炒虾仁	2	45.00	30	原料：洋葱、木耳、虾仁、玉米油、姜、蒜、花椒、辣椒、盐、生抽、白胡椒粉	120	-1
10	菠菜面	3	23.00	120	原料：面粉、菠菜、酱油、醋、盐、肉臊子、素臊子	80	-1
11	冬瓜汤	4	20.00	200	原料：冬瓜、韭菜、烘干海米、油、盐	120	-1

（6）在订单表（orders）中插入以下样本数据。

orderid	memberid	totalprice	date	status
1	1	0.00	2022-1-1　10：00：00	1
2	1	0.00	2022-2-3　11：15：12	1
3	2	0.00	2022-2-10　09：43：45	1
4	3	0.00	2022-2-8　13：44：01	1
5	4	0.00	2022-2-1　09：44：20	1
6	5	0.00	2022-2-24　09：44：52	1

（7）在订单明细表（lineitem）中插入以下样本数据。

orderid	foodid	count	orderid	foodid	count
1	1	1	3	6	1
	5	1		11	5
	7	1	4	4	1
2	2	1		8	1
	6	1	5	4	1
	9	1	6	3	1
3	3	1			

（8）创建桌台表（room）的表结构如下。

roomid	roomname	roomBJF	num	state
1001	大厅-01	0	4	0
1002	大厅-02	0	4	0
1003	大厅-03	0	2	0
1004	大厅-04	0	2	0
1006	大厅-05	0	6	0
2001	包间-01	50	10	0
2002	包间-02	50	10	0
2003	包间-03	100	12	0
2004	包间-04	100	12	0
2005	包间-05	50	10	0
2006	包间-06	150	16	0

（9）在职员表（waiter）中插入以下样本数据。

waiterid	waitername	sex	age	telephone	identity
1001	李小翠	女	19	13200349876	服务员
1002	刘明敏	女	20	13022349900	服务员

续表

waiterid	waitername	sex	age	telephone	identity
1003	张小杰	女	19	13033248899	服务员
1004	王玲	女	21	13388778566	服务员
1005	周锋	男	21	13134440023	服务员
2001	郑杰	男	35	17834562345	经理
2002	张士永	女	30	13011223478	前台经理

（10）在消费信息表（guestfood）中插入以下样本数据。

id	memberid	roomid	waiterid	Datetime
1	1	1001	1001	2022-04-05 19：46：01.000
2	2	1002	1002	2022-03-01 18：00：40.000
3	3	1003	1003	2022-03-04 19：00：16.000
4	4	1004	1001	2022-02-10 19：00：00.000
5	1	2003	1002	2022-02-23 18：00：30.000
6	5	2001	1004	2022-04-05 19：00：00.000
7	1	1005	1002	2022-03-24 19：00：53.000

（11）把会员等级表 membertype 中 VIP 会员的折扣 discount 修改为 0.95 折。

（12）把菜品表 food 中所有凉菜的价格全部提高 10 元。

（13）删除会员号 memberid 为 4 的所有订单。

（14）把职员表 waiter 中所有职员的年龄都增加 1 岁。

本 章 练 习

1. 选择题

（1）以下插入数据的语句错误的是（　　）。

    A. INSERT 表 SET 字段名＝值

    B. INSERT INTO 表（字段列表）VALUE（值列表）

    C. INSERT 表 VALUE（值列表）

    D. 以上答案都不正确

（2）在 MySQL 语法中，用来插入数据的命令是（　　）。

    A. INSERT　　　　B. UPDATE　　　　C. DELETE　　　　D. CREATE

（3）在 MySQL 语法中，用来修改数据的命令是（　　）。

    A. INSERT　　　　B. UPDATE　　　　C. DELETE　　　　D. CREATE

（4）设关系数据库中一个表 S 的结构为 s（sname,cname,grade），其中 sname 为学生姓名,cname 为课程名,二者均为字符型;grade 为成绩,为数值型,取值范围为 0～100。若要更正张三的化学成绩为 85 分,则可用(　　　)。

    A. update s set grade＝85 where sname＝'张三'and cname＝'化学'

    B. update s set grade＝'85' where sname＝'张三'and cname＝'化学'

    C. update grade＝85 where sname＝'张三' and cname＝'化学'

    D. alter s grade＝85 where sname＝'张三'and cname＝'化学'

(5) 设关系数据库中一个表 S 的结构为 s(sname,cname,grade),其中 sname 为学生姓名,cname 为课程名,二者均为字符型;grade 为成绩,为数值型,取值范围为 0~100。若要把"张三的化学成绩 80 分"插入表 S 中,则可用(　　　)。

    A. add into s values('张三','化学','80')

    B. insert into s values('张三,化学','80)

    C. insert s values('化学',张三',80)

    D. insert into s values('张三','化学',80)

(6) 下列 MySQL 语句中出现了语法错误的是(　　　)。

    A. delete from grade   B. select ＊ from grade

    C. create database sti   D. delete ＊ from grade

2. 填空题

(1) MySQL 中使用＿＿＿＿＿＿语句或者 TRUNCATE TABLE 语句来删除表中的记录。

(2) 在 MySQL 中,除了可以使用 INSERT…VALUES 语句插入数据外,还可以使用＿＿＿＿＿＿语句插入数据。

第 5 章　数 据 查 询

学习目标
- 熟练掌握 SELECT 语句的语法。
- 熟练掌握条件查询的基本方法。
- 熟练使用 SELECT 语句实现单表查询、多表查询和子查询。
- 熟练使用 SELECT 语句进行数据的排序与分类汇总。

通过前面章节的学习,我们知道如何对数据库和表进行添加、修改、删除等操作,在数据库中还有一个更重要的操作就是查询数据,是指用户可以根据自己的需求,从数据库中获取所需要的数据。在 MySQL 中,通过 SELECT 查询语句可以从表或视图中迅速方便地检索数据。

5.1　单 表 查 询

5.1.1　SELECT 语句定义

SELECT 语句可以实现对表的选择、投影及连接操作,即可以根据用户的需要从一个或多个表中选出匹配的行和列,结果通常是生成一个临时表。其语法格式如下。

```
SELECT [ALL | DISTINCT]  输出列表达式, ...
      [FROM  表名 1[, 表名 2]...]                   /* FROM 子句 */
      [WHERE 条件]                                  /* WHERE 子句 */
      [GROUP BY {列名 | 表达式 | 列编号}
              [ASC | DESC], ...                     /* GROUP BY 子句 */
      [HAVING 条件]                                 /* HAVING 子句 */
      [ORDER BY {列名 | 表达式 | 列编号}
              [ASC | DESC], ...]                    /* ORDER BY 子句 */
      [LIMIT {[偏移量,]行数|行数 OFFSET 偏移量}]      /* LIMIT 子句 */
```

由基本语法可见,最简单的 SELECT 语句如下。

```
SELECT 输出列表达式
```

输出列表达式可以是 MySQL 所支持的任何运算的表达式。

【例 5-1】 求 3+2 的和,执行结果如图 5-1 所示。

```
mysql> SELECT 3+2;
+-----+
| 3+2 |
+-----+
|   5 |
+-----+
1 row in set (0.00 sec)
```

图 5-1 计算 3+2 的值

SELECT 语句功能很强大,子句很多,所有被使用的子句必须按照上面语法格式的顺序严格地排序。例如,一个 HAVING 子句必须位于 GROUP BY 子句之后,并位于 ORDER BY 子句之前。

下面将依次介绍 SELECT 语句各子句的功能和使用方法。

5.1.2 选择列

1. 选择指定的列

如果 SELECT 语句的表达式是某一个表中的字段名变量,那么各字段名之间要以逗号分隔。

【例 5-2】 查询 member 表中各注册客户的姓名、性别和联系电话。具体代码如下。

```
USE weborder;
SELECT membername,sex,telephone
  FROM member;
```

执行结果如图 5-2 所示。

```
mysql> SELECT membername,sex,telephone
    -> FROM member;
+------------+------+-------------+
| membername | sex  | telephone   |
+------------+------+-------------+
| 张明瑞     | 男   | 13545348955 |
| 王艳       | 女   | 13756789009 |
| 张凯       | 男   | 13023433999 |
| 李晓成     | 男   | 15634556684 |
| 李丰年     | 男   | 17834210012 |
| 赵宏娟     | 女   | 18044985544 |
| 梁小红     | 女   | 13022348867 |
| 张琪       | 女   | 13709888955 |
| 周小宝     | 男   | 130412248911|
| 谭健       | NULL | 13123442344 |
| 刘秀荣     | NULL | 13800776677 |
| 郑明       | NULL | 13600776677 |
| 王心怡     | NULL | 13833446677 |
+------------+------+-------------+
13 rows in set (0.00 sec)
```

图 5-2 从 member 表中显示所选列

当在 SELECT 语句指定列的位置上使用 * 号时，表示选择表的所有列，如要显示
Members 表中所有列，则不必将所有字段名一一列出。例如：

```
SELECT * FROM member;
```

执行结果如图 5-3 所示。

memberid	membertypeid	membername	sex	birthday	telephone	address
1	1	张明瑞	男	2000-01-23	13545348955	北京市丰台区玉泉营街56号
2	1	王艳	女	1999-12-03	13756789009	济南市历下区高新区莱茵格调街区
3	1	张凯	男	2001-03-12	13023433999	济南市市中区经十路2065号
4	1	李晓成	男	1999-10-10	15634556684	济南市历下区经十路11101号
5	2	李丰年	男	2002-01-23	17834210012	天津市河北区望海楼街
6	2	赵宏娟	女	1980-03-03	18044985544	天津市河北区串场街
7	3	梁小红	女	2001-05-04	13022348867	赣州市章贡区水南镇

图 5-3　从 member 表中显示所有列

2. 定义列别名

当希望查询结果中的某些列或所有列显示时且使用自己选择的列标题时，可以在列名
之后使用 AS 子句来更改查询结果的列别名。其语法格式如下。

```
SELECT 字段列表 [AS] 别名
```

【例 5-3】　查询 member 表中各注册客户的 membername、telephone 和 address，结果
中各列的标题分别指定为姓名、联系电话和住址。具体代码如下。

```
USE weborder;
  SELECT membername AS 姓名, telephone AS 联系电话, address  AS 住址
    FROM member;
```

执行结果如图 5-4 所示。

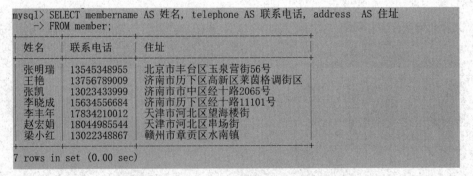

图 5-4　从 member 表中修改列名显示所选列

注意：当自定义的列标题中含有空格时，必须使用引号将标题括起来。例如：

```
USE weborder;
  SELECT membername AS  "姓名", telephone  AS 联系电话, address  AS 住址
    FROM member;
```

执行结果如图 5-5 所示。

```
mysql> SELECT membername AS "姓名", telephone  AS 联系电话, address  AS 住址
    -> FROM member;
+--------+-------------+----------------------------+
| 姓名   | 联系电话    | 住址                       |
+--------+-------------+----------------------------+
| 张明瑞 | 13545348955 | 北京市丰台区玉泉营街56号    |
| 王艳   | 13756789009 | 济南市历下区高新区莱茵格调街区|
| 张凯   | 13023433999 | 济南市市中区经十路2065号    |
| 李晓成 | 15634556684 | 济南市历下区经十路11101号   |
| 李丰年 | 17834210012 | 天津市河北区望海楼街        |
| 赵宏娟 | 18044985544 | 天津市河北区串场街          |
| 梁小红 | 13022348867 | 赣州市章贡区水南镇          |
+--------+-------------+----------------------------+
7 rows in set (0.00 sec)
```

图 5-5　从 member 表中修改带空格的列名

注意：列别名不允许在 WHERE 子句中使用，因为执行 WHERE 子句时，列值可能还未确定。例如，下面的查询是非法的。

```
SELECT membername,sex AS 性别,telephone FROM member
    WHERE sex='男';
```

3. 替换查询结果中的数据

在对表进行查询时，有时对所查询的某些列希望得到的是一种概念而不是具体的数据。例如，查询 food 表的库存数量，所希望知道的是库存的总体情况，这时，就可以用库存等级替换库存数量的具体数字。

要替换查询结果中的数据，则要使用查询中的 CASE 表达式，其语法格式如下。

```
CASE
    WHEN 条件 1 THEN 表达式 1
    WHEN 条件 2 THEN 表达式 2
    ...
    ELSE 表达式 n
END
```

说明如下。

（1）表达式以 CASE 开始，END 结束。

（2）MySQL 从条件 1 开始判断，条件 1 成立，便输出表达式 1，语句结束；若不成立，判断条件 2，若成立，便输出表达式 2 后结束……如果条件都不成立，则输出表达式 n。

【例 5-4】　查询 food 表中菜品编号、菜品名称和库存数量，对其库存数量按以下规则进行替换：若数量为空值，替换为"尚未进货"；若数量小于 100，替换为"需进货"；若数量在 100～500，替换为"库存正常"；若数量大于 500，替换为"库存积压"。列标题更改为"库存等级"。具体代码如下。

103

```
SELECT  foodid, foodname,
    CASE
      WHEN count IS NULL THEN  '尚未进货'
           WHEN count<100 THEN  '需进货'
             WHEN count >=100 and  count<=500 THEN  '库存正常'
            ELSE  '库存积压'
         END  AS  库存等级
FROM food;
```

执行结果如图 5-6 所示。

foodid	foodname	库存等级
1	凉拌鱼皮	库存正常
2	糖醋蒜泥藕	库存正常
3	凉拌有机菜花	库存正常
4	蒜泥拍黄瓜	库存正常
5	什锦豆腐	库存正常
6	剁椒蒸鸡翅	库存正常
7	西红柿炒鸡蛋	库存正常
8	年年有鱼	库存正常
9	洋葱木耳炒虾仁	库存正常
10	菠菜面	库存正常
11	茴香猪肉饺子	库存正常
12	葱油饼	库存正常
13	花卷	库存积压
14	蛋炒饭	库存积压
15	虾仁菌汤	库存正常
16	油菜蛋花汤	库存正常
17	冬瓜汤	库存正常
18	草莓汁	库存正常
19	鲜橙汁	库存正常

19 rows in set (0.00 sec)

图 5-6　从 food 表中使用 CASE 表达式进行替换

4. 计算列值

使用 SELECT 对列进行查询时，在结果中可以输出对列值计算后的值，即 SELECT 子句可使用表达式作为结果，其语法格式如下。

```
SELECT 表达式 1[，表达式 2...]
```

【例 5-5】　对 food 表已出售的菜品计算订购金额（订购金额＝点餐率×价格），并显示菜品名称和订购金额。具体代码如下。

```
SELECT foodname, hits * price AS 订购金额
    FROM food;
```

执行结果如图 5-7 所示。

foodname	订购金额
凉拌鱼皮	2800.00
糖醋蒜泥藕	2600.00
凉拌有机菜花	1600.00
蒜泥拍黄瓜	3120.00
什锦豆腐	900.00
剁椒蒸鸡翅	1500.00
西红柿炒鸡蛋	1650.00
年年有鱼	3300.00
洋葱木耳炒虾仁	5400.00
菠菜面	1840.00
茴香猪肉饺子	6000.00
葱油饼	1920.00
花卷	690.00
蛋炒饭	3000.00
虾仁菌汤	1500.00
油菜蛋花汤	5200.00
冬瓜汤	2400.00
草莓汁	4000.00
鲜橙汁	7500.00

19 rows in set (0.00 sec)

图 5-7　从 food 表计算金额

5. 消除结果集中的重复行

对表只选择其某些列时,可能会出现重复行。例如,若对 food 表只选择价格,则出现多行重复的情况。可以使用 DISTINCT 关键字消除结果集中的重复行,其含义是对结果集中的重复行只选择一个,保证行的唯一性。其语法格式如下。

```
SELECT DISTINCT 字段列表
```

【例 5-6】　对 food 表只选择 foodtypeid 和 price,消除结果集中的重复行。具体代码如下。

```
SELECT price FROM food;
SELECT DISTINCT price FROM food;
```

两条指令执行结果区别如图 5-8 所示。

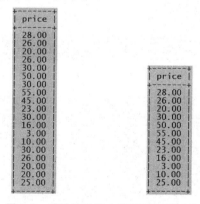

图 5-8　消除结果集中的重复行后对比

5.1.3 WHERE 子句

WHERE 子句必须紧跟在 FROM 子句之后，按条件从 FROM 子句的中间结果中选取行。其语法格式如下。

```
WHERE  < 判定运算>
```

说明如下。

(1) 判定运算：结果为 TRUE、FALSE 或 UNKNOWN。其语法格式如下。

```
表达式 {=|<|<=|>|>=|<=>|<>|!=} 表达式                /* 比较运算 */
  | 表达式 [ NOT]LIKE 表达式                           /* LIKE 运算符 */
  | 表达式 [ NOT]BETWEEN 表达式 1 AND 表达式 2          /* 指定范围 */
  | 表达式 IS [ NOT]NULL                               /* 是否空值判断 */
  |表达式[ NOT]IN (子查询 |表达式 1 [,...表达式 n])      /* IN 子句 */
```

(2) WHERE 子句会根据条件对 FROM 子句的中间结果中的行逐一进行判断，当条件为 TRUE 的时候，一行就被包含到 WHERE 子句的中间结果中。

在 SQL 中，返回逻辑值(TRUE 或 FALSE)的运算符或关键字都可称为谓词。判定运算包括比较运算、逻辑运算、模式匹配、范围比较和空值比较等。

1. 比较运算

比较运算符用于比较(除 TEXT 和 BLOB 类型外)两个表达式值，MySQL 支持的比较运算符有：=(等于)、<(小于)、<=(小于等于)、>(大于)、>=(大于等于)、<=>(相等或都等于空)、<>(不等于)、!=(不等于)。

当两个表达式值均不为空值(NULL)时，除了"<=>"运算符，其他比较运算返回逻辑值 TRUE(真)或 FALSE(假)；而当两个表达式值中有一个为空值或都为空值时，将返回 UNKNOWN。

【例 5-7】 查询 weborder 数据库 food 表中价格小于等于 30 的菜品信息。具体代码如下。

```
SELECT *  FROM  food  WHERE  price<=30;
```

执行结果如图 5-9 所示。

foodid	foodname	foodtypeid	price	count	description
1	凉拌鱼皮	1	28.00	50	原料：鱼皮、姜、凉拌醋、姜、蒜、小米辣、辣椒粉、辣椒面、凉拌醋、白芝麻。
2	糖醋蒜泥藕	1	26.00	100	原料：莲藕、小米椒、蒜泥、盐、白糖、味精、白醋、香油。
3	凉拌有机菜花	1	20.00	120	原料：有机菜花、小米椒、盐、蒜泥、白糖、味精、香油。
4	蒜泥拍黄瓜	1	26.00	90	原料：黄瓜、蒜泥、葱花、盐。
5	什锦豆腐	2	30.00	40	原料：豆腐、木耳、洋葱、青椒、番茄、青蒜、大葱、蒜、盐、水淀粉、酱油、蚝油、剁椒、五香粉。
7	西红柿炒鸡蛋	2	30.00	60	原料：西红柿、鸡蛋、葱花、淀粉水、猪油、白糖、盐、葱油。
10	菠菜面	3	23.00	120	原料：面粉、菠菜、酱油、醋、盐、肉臊子、素臊子。
11	茴香猪肉饺子	3	30.00	300	原料：茴香、猪肉馅、大葱、生姜、盐、清水、生抽、胡椒粉、鸡蛋、小麻油、马蹄。
12	葱油饼	3	16.00	300	原料：面粉、温水、香葱、猪油、盐、五香粉。
13	花卷	3	3.00	500	原料：自发粉、温水、葱花、花椒粉、盐、水、油。
14	蛋炒饭	3	10.00	600	原料：松仁、米饭、鸡蛋、生抽。
15	虾仁菌汤	4	30.00	120	原料：大虾、香菇、木耳、鸡蛋、蟹味菇、白玉菇、食用油、盐、蚝油、葱、姜、蒜、香菜。
16	油菜蛋花汤	4	26.00	300	原料：油菜、鸡蛋、盐、亚麻籽油、蒜片、食用油。
17	冬瓜汤	4	20.00	200	原料：冬瓜、韭菜、烘干海米、油、盐。
18	草莓汁	5	20.00	400	原料：新鲜草莓、纯净水、冰块。
19	鲜橙汁	5	25.00	400	原料：纽荷尔脐橙、矿泉水。

图 5-9 比较运算结果

【**例 5-8**】 查询 weborder 数据库 member 表中男客户的信息。具体代码如下。

```
SELECT *    FROM member WHERE sex='男';
```

执行结果如图 5-10 所示。

图 5-10 比较运算结果

注意：如果仔细观察上述 WHERE 子句中的条件，会看到有的值括在单引号内，而有的值未括起来。单引号用来限定字符串。如果将值与字符串类型的列进行比较，就需要限定引号。用来与数值列进行比较的值不用引号。

MySQL 有一个特殊的等于运算符"＜＝＞"，当两个表达式彼此相等或都等于空值时，它的值为 TURE；其中有一个空值或都是非空值但不相等的，其值为 FALSE，没有 UNKNOWN 的情况。

2. 逻辑运算

通过逻辑运算符(NOT、AND、OR 和 XOR)组成更为复杂的查询条件。逻辑运算操作的结果是 1 或 0，分别表示 TRUE 或 FALSE，如图 5-1 所示。

表 5-1 逻辑运算符

符号 1	符号 2	说 明	示 例	说 明
NOT	!	非运算	! x	如果 x 是 TRUE，那么示例的结果是 FALSE；如果 x 是 FALSE，那么示例的结果是 TRUE
OR	||	或运算	x || y	如果 x 或 y 任一是 TRUE，那么示例的结果是 TRUE，否则示例的结果是 FALSE
AND	&&	与运算	x && y	如果 x 和 y 都是 TRUE，那么示例结果是 TRUE，否则示例的结果是 FALSE
XOR	^	异或运算	x^y	如果 x 和 y 不相同，那么示例结果是 TRUE，否则示例的结果是 FALSE

注意：OR 和 AND 关键字也可以一起使用。AND 的优先级高于 OR，因此当两者在一起使用时，应该先运算 AND 两边的条件表达式，再运算 OR 两边的条件表达式。

【**例 5-9**】 查询 weborder 数据库 food 表中菜品分类编号为 2 且价格大于 40 元的菜品名称和菜品介绍。具体代码如下。

```
USE weborder;
  SELECT  foodname,description  FROM  food
    WHERE  foodtypeid=2  AND  price>=40;
```

执行结果如图 5-11 所示。

foodname	description
剁椒蒸鸡翅	原料：鸡翅、剁椒、香葱、盐、生抽、蒜末、姜末、老抽、料酒。
年年有鱼	原料：金昌鱼、辣椒、葱、姜、玉米油、蒸鱼豉油、盐、料酒。
洋葱木耳炒虾仁	原料：洋葱、木耳、虾仁、玉米油、姜、蒜、花椒、辣椒、盐、生抽、白胡椒粉。

图 5-11　使用逻辑运算符 AND 的结果

【例 5-10】 查询 weborder 数据库 member 表中等级编号不为 1 的客户信息。具体代码如下。

```
USE weborder;
  SELECT  *  FROM member
    WHERE  NOT  membertypeid=1;
```

执行结果如图 5-12 所示。

memberid	membertypeid	membername	sex	birthday	telephone	address
4	2	李晓成	男	1999-10-10	15634556684	济南市历下区经十路11101号
5	2	李丰年	男	2002-01-23	17834210012	天津市河北区望海楼街
6	2	赵宏娟	女	1980-03-03	18044985544	天津市河北区串场街
7	3	梁小红	女	2001-05-04	13022348867	赣州市章贡区水南镇

图 5-12　使用逻辑运算符 NOT 的结果

3. 模式匹配

LIKE 运算符用于指出一个字符串是否与指定的字符串相匹配，其运算对象可以是 char、varchar、text、datetime 等类型的数据，返回逻辑值 TRUE 或 FALSE。

LIKE 谓词表达式的语法格式如下。

```
表达式  ［NOT］LIKE  表达式
```

使用 LIKE 进行模式匹配时，常使用特殊符号"_"和"％"，可进行模糊查询。"％"代表 0 个或多个字符，"_"代表单个字符。

当要匹配的字符串中含有与特殊符号（"_"和"％"）相同的字符时，应通过该字符前转义字符指明其为模式串中的一个匹配字符。使用关键字 ESCAPE 可指定转义字符。由于 MySQL 默认不区分大小写，要区分大小写时需要更换字符集的校对规则。

【例 5-11】 客户想查询本店所有汤的名称、价格和菜品介绍。具体代码如下。

```
USE weborder;
    SELECT foodname,price,description  FROM  food
      WHERE  foodname  LIKE  '％汤';
```

执行结果如图 5-13 所示。

foodname	price	description
虾仁菌汤	30.00	原料：大虾、香菇、木耳、鸡蛋、蟹味菇、白玉菇、食用油、盐、蚝油、葱、姜、蒜、香菜。
油菜蛋花汤	26.00	原料：油菜、鸡蛋、盐、亚麻籽油、蒜片、食用油。
冬瓜汤	20.00	原料：冬瓜、韭菜、烘干海米、油、盐。

图 5-13　使用 LIKE 谓词表达式查询汤的信息

【例 5-12】　查询本店所有姓李的，名字为三个字的客户信息。具体代码如下。

```
USE weborder;
  SELECT * FROM member
    WHERE membername LIKE '李__';
```

执行结果如图 5-14 所示。

memberid	membertypeid	membername	sex	birthday	telephone	address
4	2	李晓成	男	1999-10-10	15634556684	济南市历下区经十路11101号
5	2	李丰年	男	2002-01-23	17834210012	天津市河北区望海楼街

图 5-14　使用 LIKE 谓词表达式查询李姓客户的信息

4. 范围比较

用于范围比较的关键字有两个：BETWEEN 和 IN。

当要查询的条件是某个值的范围时，可以使用 BETWEEN 关键字。BETWEEN 关键字指出查询范围，其语法格式如下。

```
表达式［NOT］BETWEEN 表达式 1　AND　表达式 2
```

当不使用 NOT 时，若表达式的值在表达式 1 与表达式 2 之间（包括这两个值），则返回 TRUE，否则返回 FALSE；使用 NOT 时，返回值刚好相反。

注意：表达式 1 的值不能大于表达式 2 的值。

【例 5-13】　查询本店生于 2001 年的客户信息。具体代码如下。

```
SELECT * FROM member
    WHERE birthday BETWEEN '2001-1-1' AND '2001-12-31';
```

等价于以下代码。

```
SELECT * FROM member
WHERE birthday >='2001-1-1' AND birthday <='2001-12-31';
```

执行结果如图 5-15 所示。

memberid	membertypeid	membername	sex	birthday	telephone	address
3	1	张凯	男	2001-03-12	13023433999	济南市市中区经十路2065号
7	3	梁小红	女	2001-05-04	13022348867	赣州市章贡区水南镇

图 5-15　使用 BETWEEN 表达式查询生于 2001 年的客户信息

如果要查询本店不是生于 2001 年的客户信息，则可使用以下代码。

```
SELECT * FROM member
    WHERE birthday NOT BETWEEN '2001-1-1' AND '2001-12-31';
```

等价于以下代码。

```
SELECT * FROM member
    WHERE birthday<'2001-1-1' OR birthday>'2001-12-31';
```

执行结果如图 5-16 所示。

memberid	membertypeid	membername	sex	birthday	telephone	address
1	1	张明瑞	男	2000-01-23	13545348955	北京市丰台区玉泉营街56号
2	1	王艳	女	1999-12-03	13756789009	济南市历下区高新区莱茵格调街区
4	2	李晓成	男	1999-10-10	15634556684	济南市历下区经十路11101号
5	2	李丰年	男	2002-01-23	17834210012	天津市河北区望海楼街
6	3	赵宏娟	女	1980-03-03	18044985544	天津市河北区串场街

图 5-16 使用 BETWEEN 表达式查询不是生于 2001 年的客户信息

使用 IN 关键字可以指定一个值表，值表中列出所有可能的值，当与值表中的任一个匹配时，即返回 TRUE，否则返回 FALSE。其语法格式如下。

```
表达式 〔NOT〕 IN (子查询|表达式1〔,...表达式n〕)
```

【例 5-14】 查询本店菜品分类编号为 4 和 5 的菜品名称、价格和库存数量。

```
USE weborder;
SELECT foodname,price,count FROM food
WHERE foodtypeid IN (4, 5);
```

等价于以下代码。

```
USE weborder;
SELECT foodname,price,count FROM food
WHERE foodtypeid=4 OR foodtypeid=5;
```

执行结果如图 5-17 所示。

foodname	price	count
虾仁菌汤	30.00	220
油菜蛋花汤	26.00	400
冬瓜汤	20.00	300
草莓汁	20.00	500
鲜橙汁	25.00	500

5 rows in set (0.00 sec)

图 5-17 使用 IN 表达式查询分类编号为 4 和 5 的菜品

5. 空值比较

当需要判定一个表达式的值是否为空值时,则使用 IS NULL 关键字。其语法格式如下。

```
表达式  IS ［NOT］NULL
```

当不使用 NOT 时,若表达式 expression 的值为空值,则返回 TRUE,否则返回 FALSE;当使用 NOT 时,结果刚好相反。

【例 5-15】 查询本店有没有还没编分类编号的菜品。具体代码如下。

```
SELECT * FROM food WHERE foodtypeid IS NULL;
```

MySQL 有一个特殊的等于运算符"<=>",当两个表达式彼此相等或都等于空值时,它的值为 TRUE,其中有一个空值或都是非空值但不相等,这个条件就是 FALSE。

上面的语句也可以换成如下代码。

```
SELECT * FROM food WHERE foodtypeid <=>NULL;
```

5.2　多表查询

5.2.1　FROM 子句

前面介绍了使用 SELECT 子句选择列,下面讨论 SELECT 查询的对象(即数据源)的构成形式。SELECT 的查询对象由 FROM 子句指定,其语法格式如下。

```
FROM 表名 1［［AS］别名 1］［,表名 2［［AS］别名 2］］...     /*查询表*/
    | JOIN 子句                                        /*连接表*/
```

说明如下。

(1) 表名 1［［AS］别名 1］:与列别名一样,可以使用 AS 子句为表指定别名。表别名主要用在相关子查询及连接查询中。如果 FROM 子句指定了表别名,则这条 SELECT 语句中的其他子句都必须用表别名代替原始的表名。当同一个表在 SELECT 语句中多次提到的时候,就必须使用表别名来加以区分。

(2) FROM 子句可以用两种方式引用一个表:第一种方式是使用 USE 语句让一个数据库成为当前数据库,在这种情况下,如果在 FROM 子句中指定表名,则该表应该属于当前数据库;第二种方式是指定的时候在表名前带上表所属数据库的名字。例如,假设当前数据库是 db1,现在要显示数据库 weborder 里的表 food 的内容,可使用如下语句。

```
SELECT  *  FROM weborder.food;
```

当然,在 SELECT 关键字后指定列名的时候也可以在列名前带上所属数据库和表的名字,但是一般来说,如果选择的字段在各表中是唯一的,就没有必要特别指定。

【例 5-16】 从 member 表中检索出所有客户的信息,并使用表别名 Users。具体代码如下。

```
SELECT * FROM  member  AS  Users;
```

5.2.2　多表连接

如果要在不同表中查询数据,则必须在 FROM 子句中指定多个表。指定多个表时就要使用到连接。当不同列的数据组合到一个表中叫作表的连接。当数据查询涉及多张表格时,要将多张表格的数据连接起来组成一张表格,返回一组输出,连接的方式有多种。

1. 连接方式

1）全连接

全连接产生的新表是每个表的每行都与其他表中的每行交叉以产生所有可能的组合,列包含了所有表中出现的列,也就是笛卡尔积。指两个集合 X 和 Y 的笛卡尔积表示为 X×Y,第一个对象是 X 的成员而第二个对象是 Y 的所有可能有序对的其中一个成员。全连接可能得到的行数为每个表中行数之积。FROM 子句各个表用逗号分隔,这样就指定了全连接,比如有表 5-2 和表 5-3 两个表。

表 5-2　A 表

L1	L2
1	A
6	F
2	B

表 5-3　B 表

L3	L4	L5
1	3	M
2	0	N

表 A 有 3 行,表 B 有 2 行,表 A 和 B 全连接后得到 6 行(3×2=6)的表,如表 5-4 所示。

表 5-4　A、B 表全连接后的结果

L1	L2	L3	L4	L5
1	A	1	3	M
6	F	1	3	M
2	B	1	3	M
1	A	2	0	N
6	F	2	0	N

2）内连接

从表 5-4 可以看出,全连接会产生数量非常大的行,因为得到的行数为每个表中行数之积,但绝大部分的记录是没有意义的。在这样的情形下,通常要使用 WHERE 子句设定条件来将结果集减少为易于管理,而且有意义的表,这样的连接即为内连接,又称等值连接。内连接使用比较运算符对两个表中的数据进行比较,列出与连接条件匹配的数据行,组合成新的记录。

若表 A 和 B 进行等值连接(L1=L3),则如表 5-5 所示,只有两行。

表 5-5　A、B 表内连接后的结果

L1	L2	L3	L4	L5
1	A	1	3	M
2	B	2	0	N

【例 5-17】　查询 weborde 数据库中每位客户的会员等级名称、姓名和电话。其具体代码如下。

```
SELECT membertype.typename, member.membername, member.telephone
    FROM membertype, member
        WHERE membertype.membertypeid=member.membertypeid;
```

执行结果如图 5-18 所示。

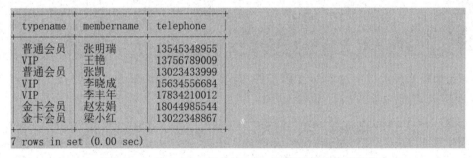

typename	membername	telephone
普通会员	张明瑞	13545348955
VIP	王艳	13756789009
普通会员	张凯	13023433999
VIP	李晓成	15634556684
VIP	李丰年	17834210012
金卡会员	赵宏娟	18044985544
金卡会员	梁小红	13022348867

7 rows in set (0.00 sec)

图 5-18　membertype 表与 member 表等值连接后的结果

3）外连接

LEFT OUTER JOIN(左外连接):返回包括左表中的所有记录和右表中符合连接条件的记录。比如 A、B 表左外连接结果如表 5-6 所示。

表 5-6　A、B 表左外连接(L1=L3)后的结果

L1	L2	L3	L4	L5
1	A	1	3	M
2	B	2	0	N
6	F	NULL	NULL	NULL

RIGHT OUTER JOIN(右外连接):返回包括右表中的所有记录和左表中符合连接条件的记录,如表 5-7 所示。

表 5-7　A、B 表右外连接（L1＝L3）后的结果

L1	L2	L3	L4	L5
1	3	M	1	A
2	0	N	2	B
NULL	NULL	NULL	6	F

2. JOIN 连接

JOIN 连接是指在 JOIN 子句中使用 JOIN 关键字建立多表的连接，其语法格式如下。

```
表名 1　INNER JOIN 表名 2
    | 表名 1 {LEFT |RIGHR} [OUTER]JOIN 表名 2
        ON 连接条件　|　USING(列名)
```

使用 JOIN 关键字的连接，主要有以下两种。

1）内连接

指定了 INNER 关键字的连接是内连接。内连接是在 FROM 子句产生的中间结果中应用 ON 条件后得到的结果。

【例 5-18】　使用 JOIN 子句查询 weborde 数据库中每位客户的会员等级名称、姓名和电话。具体代码如下。

```
SELECT  membertype.typename, member.membername, member.telephone
    FROM  membertype INNER JOIN member
        ON (membertype.membertypeid=member.membertypeid);
```

语句根据 ON 关键字后面的连接条件，合并两个表，返回满足条件的行。执行结果如图 5-19 所示，结果与例 5-17 一致。

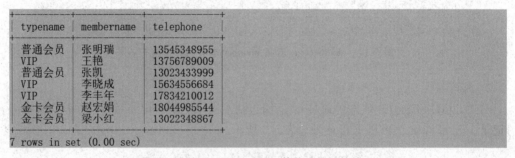

图 5-19　使用 INNER JOIN 等值连接后的结果

内连接是系统默认的，可以省略 INNER 关键字。使用内连接后，FROM 子句中 ON 条件主要用来连接表，其他并不属于连接表的条件可以使用 WHERE 子句来指定。

【例 5-19】　使用 JOIN 查询客户张明瑞下过的所有订单详情。具体代码如下。

```
SELECT member.membername, orders. *
    FROM orders INNER JOIN member
```

```
    ON(orders.memberid=member.memberid)
  WHERE member.membername="张明瑞";
```

执行结果如图 5-20 所示。

```
+------------+---------+----------+------------+---------------------+--------+
| membername | orderid | memberid | totalprice | date                | status |
+------------+---------+----------+------------+---------------------+--------+
| 张明瑞     |       1 |        1 |       0.00 | 2022-01-01 10:00:00 |      1 |
| 张明瑞     |       2 |        1 |       0.00 | 2022-02-03 11:15:12 |      1 |
+------------+---------+----------+------------+---------------------+--------+
2 rows in set (0.00 sec)
```

图 5-20　使用 INNER JOIN 查询张明瑞下过的所有订单

【例 5-20】　查询在一个订单里就被点过两份以上的菜品名称和订单明细。具体代码如下。

```
SELECT food.foodname, lineitem.*
  FROM food INNER JOIN lineitem
    ON(food.foodid=lineitem.foodid)
  WHERE lineitem.count>=2;
```

执行结果如图 5-21 所示。

```
+--------------+---------+--------+-------+
| foodname     | orderid | foodid | count |
+--------------+---------+--------+-------+
| 草莓汁       |       1 |     18 |     3 |
| 茴香猪肉饺子 |       2 |     11 |     2 |
| 葱油饼       |       3 |     12 |     5 |
| 花卷         |       5 |     13 |     4 |
| 茴香猪肉饺子 |       6 |     11 |     2 |
+--------------+---------+--------+-------+
5 rows in set (0.00 sec)
```

图 5-21　查询在一个订单里就被点过两份以上的菜品

内连接还可以用于多个表的连接。

【例 5-21】　查询所有 VIP 客户的姓名和下过的订单状态。具体代码如下。

```
SELECT  membertype.typename,member.membername, orders.status
  FROM  member JOIN orders ON ( orders.memberid=member.memberid)
    JOIN  membertype ON (membertype.membertypeid=member.membertypeid)
      WHERE  membertype.typename="VIP";
```

执行结果如图 5-22 所示。

```
+----------+------------+--------+
| typename | membername | status |
+----------+------------+--------+
| VIP      | 王艳       |      1 |
| VIP      | 李晓成     |      1 |
| VIP      | 李丰年     |      1 |
+----------+------------+--------+
3 rows in set (0.00 sec)
```

图 5-22　多表查询 VIP 客户的订单状态

115

如果要连接的表中有列名相同，并且连接的条件就是列名相等，那么 ON 条件也可以换成 USING 子句。USING（列名）子句用于为一系列的列进行命名，这些列必须同时在两个表中存在，其中列名为两表中相同的列名。比如，例 5-20 就可以修改为例 5-22 的方法。

【例 5-22】 查询在一个订单里就被点过两份以上的菜品名称和订单明细。具体代码如下。

```
USE weborder;
  SELECT  food.foodname, lineitem.*
    FROM  food  JOIN  lineitem  USING (foodid)
      WHERE  lineitem.count>=2;
```

执行结果如图 5-23 所示。

foodname	orderid	foodid	count
草莓汁	1	18	3
茴香猪肉饺子	2	11	2
葱油饼	3	12	5
花卷	5	13	4
茴香猪肉饺子	6	11	2

5 rows in set (0.00 sec)

图 5-23　利用 USING 查询在一个订单里就被点过两份以上的菜品

2）外连接

指定了 OUTER 关键字的连接为外连接。

（1）左外连接（LEFT OUTER JOIN）：结果表中除了匹配行外，还包括左表有的但右表中不匹配的行，对于这样的行，从右表被选择的列设置为 NULL。

（2）右外连接（RIGHT OUTER JOIN）：结果表中除了匹配行外，还包括右表有的但左表中不匹配的行，对于这样的行，从左表被选择的列设置为 NULL。

【例 5-23】 查询下过订单的客户的会员编号、姓名、电话和订单编号，若会员从未订购过，也要包括其情况。具体代码如下。

```
SELECT  member.memberid,member.membername, member.telephone,orders.orderid
    FROM  member LEFT JOIN orders ON ( orders.memberid=member.memberid);
```

执行结果如图 5-24 所示。

memberid	membername	telephone	orderid
1	张明瑞	13545348955	2
1	张明瑞	13545348955	1
2	王艳	13756789009	3
3	张凯	13023433999	4
4	李晓成	15634556684	5
5	李丰年	17834210012	6
6	赵宏娟	18044985544	NULL
7	梁小红	13022348867	NULL

8 rows in set (0.00 sec)

图 5-24　利用左外连接查询客户的订单

因为本题中使用了左外连接,因此在查询结果中显示为 NULL 的,说明该用户没有下过订单。同样的例子如果使用右外连接,结果会如何呢?

【例 5-24】 查询下过订单的客户的会员编号、姓名、电话和订单编号,若有订单不是会员客户下的,也要包括其情况。具体代码如下。

```
SELECT  member.memberid,member.membername, member.telephone,orders.orderid
    FROM  member RIGHT JOIN orders ON ( orders.memberid=member.memberid);
```

执行结果如图 5-25 所示。

memberid	membername	telephone	orderid
1	张明瑞	13545348955	1
1	张明瑞	13545348955	2
2	王艳	13756789009	3
3	张凯	13023433999	4
4	李晓成	15634556684	5
5	李丰年	17834210012	6

6 rows in set (0.00 sec)

图 5-25 利用右外连接查询客户的订单

因为本题中使用了右外连接,因此在查询结果中没有显示为 NULL 的,说明没有订单是非会员客户下的,因此查询结果与内连接相同。

5.2.3 子查询

在查询条件中,可以使用另一个查询的结果作为条件的一部分,例如,判定列值是否与某个查询的结果集中的值相等,作为查询条件一部分的查询称为子查询。SQL 标准允许 SELECT 多层嵌套使用,用来表示复杂的查询。子查询除了可以用在 SELECT 语句中,还可以用在 INSERT、UPDATE 及 DELETE 语句中。

子查询通常与 IN、EXIST 谓词及比较运算符结合使用。

1. IN 子查询

IN 子查询用于进行一个给定值是否在子查询结果集中的判断,其语法格式如下。

表达式［NOT］ IN(子查询)

说明如下。

(1) 当表达式与子查询的结果表中的某个值相等时,IN 谓词返回 TRUE,否则返回 FALSE;若使用了 NOT,则返回的值刚好相反。

(2) IN(子查询):只能返回一列数据。对于更复杂的查询,可以使用嵌套的子查询。

【例 5-25】 查找在 weborder 数据库中李晓成的订单信息。具体代码如下。

117

```
SELECT * FROM orders
    WHERE  memberid  IN
      (SELECT  memberid  FROM  member  WHERE  membername='李晓成');
```

执行结果如图 5-26 所示。

```
+---------+----------+------------+---------------------+--------+
| orderid | memberid | totalprice | date                | status |
+---------+----------+------------+---------------------+--------+
|       5 |        4 |       0.00 | 2022-02-01 09:44:20 |      1 |
+---------+----------+------------+---------------------+--------+
1 row in set (0.00 sec)
```

图 5-26　利用 IN 查询客户的订单信息

在执行包含子查询的 SELECT 语句时,系统先执行子查询,产生一个结果表,再执行查询。本例中,先执行子查询,得到一个只含会员编号列的表。再执行外查询,若 orders 表中某行的会员编号列值等于子查询结果表中的任一个值,则该行就被选择。

【例 5-26】 查找在 food 表中从未被客户下过订单的菜品信息。具体代码如下。

```
SELECT * FROM  food  WHERE  foodid  NOT  IN
    (SELECT  foodid  FROM  lineitem);
```

执行结果如图 5-27 所示。

```
+--------+----------+------------+-------+-------+------------------------------+------+---------+
| foodid | foodname | foodtypeid | price | count | description                  | hits | comment |
+--------+----------+------------+-------+-------+------------------------------+------+---------+
|     14 | 蛋炒饭   |          3 | 10.00 |   600 | 原料：松仁、米饭、鸡蛋、生抽。 |  300 |      -1 |
|     17 | 冬瓜汤   |          4 | 20.00 |   200 | 原料：冬瓜、韭菜、烘干海米、油、盐。|  120 |      -1 |
|     19 | 鲜橙汁   |          5 | 25.00 |   400 | 原料：纽荷尔脐橙、矿泉水。     |  300 |      -1 |
+--------+----------+------------+-------+-------+------------------------------+------+---------+
```

图 5-27　利用 IN 查询从未被客户下过订单的菜品

2. 比较子查询

比较子查询可以认为是 IN 子查询的扩展,它使表达式的值与子查询的结果进行比较运算。其语法格式如下。

```
表达式 {<｜<=｜=｜>｜>=｜!=｜<>} {ALL｜SOME｜ANY}(子查询)
```

ALL、SOME 和 ANY 说明对比较运算的限制。如果子查询只返回一行的数据,便可以通过比较运算符直接比较;但如果返回多行数据,则需要用到｛ALL｜SOME｜ANY｝进行限定。

(1) ALL 要求表达式与子查询结果中的每个值进行比较,当表达式的每个值都满足比较关系时,返回 TURE,否则返回 FALSE。

(2) SOME 和 ANY 意义相同,表示表达式只要与子查询结果中的一个值满足比较关系,就返回 TURE,否则返回 FALSE。

下面通过例题明确二者之间的区别。

【例 5-27】 查询比所有凉菜价格都贵的菜品信息。具体代码如下。

```
SELECT  *  FROM  food  WHERE  price>ALL
    (SELECT  price  FROM  food  WHERE  foodtypeid=1);
```

执行结果如图 5-28 所示。

foodid	foodname	foodtypeid	price	count	description
5	什锦豆腐	2	30.00	40	原料：豆腐、木耳、洋葱、青椒、香菇、青蒜、大葱、蒜、盐、水淀粉、酱油、蚝油、剁椒、五香粉。
6	剁椒蒸鸡蛋	2	50.00	54	原料：鸡翅、剁椒、香葱、盐、生抽、蒜末、姜末、老抽、料酒。
7	西红柿炒鸡蛋	2	60.00	60	原料：西红柿、高蛋、剁椒、淀粉水、精油、白糖、盐、葱油。
8	年年有鱼	2	55.00	40	原料：金昌鱼、辣椒、葱、美、玉米油、蒸鱼豉油、盐、料酒。
9	洋葱木耳炒虾仁	2	45.00	30	原料：虾仁、木耳、洋葱、姜蒜、辣椒、辣椒、盐、生抽、白胡椒粉。
11	茴香猪肉饺子	3	30.00	300	原料：面粉、茴香、大葱、生姜、盐、清水、生抽、胡椒粉、鸡蛋、小麻油、马蹄。
15	虾仁菌汤	4	30.00	120	原料：大虾、香菇、木耳、鸡蛋、蟹味菇、白玉菇、食用油、盐、蚝油、葱、姜、蒜、香菜。

图 5-28　利用 ALL 关键字查询菜品信息

如果将语句改为以下代码。

```
SELECT  *  FROM  food  WHERE  price>SOME
    (SELECT  price  FROM  food  WHERE  foodtypeid=1);
```

执行结果如图 5-29 所示。

foodid	foodname	foodtypeid	price	count	description
1	凉拌鱼皮	1	28.00	50	原料：鱼皮、姜、凉拌醋、葱、蒜、小米椒、辣椒粉、辣椒面、凉拌糖、白芝麻。
4	糖醋蒜泥黄瓜	1	26.00	100	原料：莲藕、小米椒、葱泥、盐、白糖、味精、白醋、香油。
5	什锦豆腐	2	30.00	40	原料：豆腐、木耳、洋葱、青椒、香菇、青蒜、大葱、蒜、盐、水淀粉、酱油、蚝油、剁椒、五香粉。
6	剁椒蒸鸡翅	2	50.00	54	原料：鸡翅、剁椒、香葱、盐、生抽、蒜末、姜末、老抽、料酒。
7	西红柿炒鸡蛋	2	30.00	60	原料：西红柿、高蛋、剁椒、淀粉水、精油、白糖、盐、葱油。
8	年年有鱼	2	55.00	40	原料：金昌鱼、辣椒、葱、美、玉米油、蒸鱼豉油、盐、料酒。
9	洋葱木耳炒虾仁	2	45.00	30	原料：虾仁、木耳、洋葱、姜蒜、辣椒、辣椒、盐、生抽、白胡椒粉。
10	菠萝面	3	23.00	120	原料：面粉、菠萝、酱油、葱、盐、肉馅子、紫蝶子。
11	茴香猪肉饺子	3	30.00	300	原料：面粉、茴香、大葱、生姜、盐、清水、生抽、胡椒粉、鸡蛋、小麻油、马蹄。
15	虾仁菌汤	4	30.00	120	原料：大虾、香菇、木耳、鸡蛋、蟹味菇、白玉菇、食用油、盐、蚝油、葱、姜、蒜、香菜。
16	油浸菜心花蔬	4	26.00	300	原料：大虾、香菇、木耳、鸡蛋、蒸鱼豉油、蒜片、食用油。
19	鲜橙汁	5	25.00	400	原料：纽荷尔脐橙、纯净水。

图 5-29　利用 SOME｜ANY 关键字查询菜品信息

因为凉菜不止一道,所以在子查询中首先查询到了所有凉菜的价格,其中价格最高的凉拌鱼皮是 28 元,最低的凉拌有机菜花 20 元。在使用 ALL 关键字时,要求结果要大于所有值,即大于 28 元。而使用 SOME 和 ANY 时,只要满足一个比较关系就可以,即比 20 元多就行。所以两条查询语句的结果不同。

3. EXISTS 子查询

EXISTS 谓词用于测试子查询的结果是否为空表,若子查询的结果集不为空,则 EXISTS 返回 TRUE,否则返回 FALSE。EXISTS 还可与 NOT 结合使用,即 NOT EXISTS,其返回值与 EXISTS 刚好相反。其语法格式如下。

```
[NOT] EXISTS(子查询)
```

【例 5-28】　查询在一个订单里就被点过两份以上的菜品信息(与例 5-21 相似)。具体代码如下。

```
USE weborder;
    SELECT  *  FROM food WHERE EXISTS
        (SELECT  *  FROM lineitem
        WHERE lineitem.foodid=food.foodid AND lineitem.count>1);
```

执行结果如图 5-30 所示。

foodid	foodname	foodtypeid	price	count	description	hits	comment
18	草莓汁	5	20.00	400	原料：新鲜草莓、纯净水、冰块。	200	16
11	茴香猪肉饺子	3	30.00	300	原料：茴香、猪肉沫、大葱、生姜、盐、清水、生抽、胡椒粉、鸡蛋、小磨油、马蹄。	200	-1
12	葱油饼	3	16.00	200	原料：面粉、温水、香葱、猪油、盐、五香粉。	120	-1
13	花卷	3	3.00	500	原料：自发粉、温水、葱花、花椒粉、盐、水、油。	230	-1

图 5-30　利用 EXISTS 关键字查询菜品信息

使用了 EXISTS 关键字，因为外层查询中 food 表中不同行有不同的菜品编号，这类子查询称为相关子查询，因为子查询的条件依赖于外查询的某些值。其处理过程为：首先查询外层查询中 food 表的第一行，根据本行的菜品编号处理内层查询，若结果不为空，则 WHERE 条件为真，就把该行的数据取出作为结果的第一行；若条件为假，则不取出。以此类推，直到所有行都查找完为止。

5.2.4　联合查询

我们经常会碰到这样的应用，两个表的数据按照一定的查询条件查询出来以后，需要将结果合并到一起显示出来，这个时候就需要用到 UNION 关键字来实现这样的功能。其语法格式如下。

```
SELECT 语句 1　UNION［UNION 选项］SELECT 语句 2;
```

UNION 选项：分为 ALL 和 DISTINCT，联合查询时默认为 DISTINCT，去掉结果集中的重复行，要保留结果集中所有行，必须指定 ALL。

【例 5-29】　将 ordersl 表中会员编号 1 的订单和订单编号为 4 的订单合并。具体代码如下。

```
SELECT * FROM orders WHERE memberid=1
    UNION
  SELECT * FROM orders WHERE  orderid=4;
```

执行结果如图 5-31 所示。

orderid	memberid	totalprice	date	status
1	1	0.00	2022-01-01 10:00:00	1
2	1	0.00	2022-02-03 11:15:12	1
4	3	0.00	2022-02-08 13:44:01	1

3 rows in set (0.00 sec)

图 5-31　利用 UNION 关键字合并查询结果

注意：联合查询是将任意表查询的结果合并在一起输出，是一种人为的强制操作。因此与原字段类型无关，只要每个查询的字段数一致，能对应即可。请看下面的例子。

【例 5-30】　将 ordersl 表中会员编号 1 的订单和订单编号为 4 的订单合并。具体代码如下。

```
SELECT  *  FROM membertype UNION  SELECT  *  FROM lineitem;
```

执行结果如图 5-32 所示。

membertypeid	typename	discount
1	普通会员	1.00
2	VIP	0.90
3	金卡会员	0.80
1	1	1.00
1	5	1.00
1	7	1.00
1	10	1.00
1	15	1.00
1	18	3.00
2	2	1.00
2	6	1.00
2	9	1.00
2	11	2.00
2	16	1.00
3	3	1.00
3	6	1.00
3	12	5.00
4	4	1.00
4	7	1.00
4	15	1.00
5	1	1.00
5	8	1.00
5	9	1.00
5	13	4.00
6	3	1.00
6	4	1.00
6	11	2.00

图 5-32　利用 UNION 关键字合并查询结果

如执行结果图 5-32 所示,前三行是第一个 SELECT 语句的查询结果,后面几行是第二个 SELECT 语句的查询结果,合并后的结果字段名是 membertype 表的字段名,也就是说,使用 UNION 关键字,最后结果的字段名就是第一个 SELECT 语句的字段名。

5.3　分类汇总与排序

5.3.1　聚合函数

我们经常需要汇总数据而不用把它们实际检索出来,为此 SQL 提供了专门的聚合函数,常常用于对一组值进行计算,然后返回单个值。使用这些函数,SQL 查询可用于检索数据,以便分析和报表生成。表 5-8 列出了一些常用的聚合函数。

表 5-8　常用聚合函数

函数名	说　　明	函数名	说　　明
COUNT	求组中项数,返回 int 类型整数	SUM	返回表达中所有值的和
MAX	求最大值	AVG	求组中值的平均值
MIN	求最小值		

1. COUNT()函数

COUNT()函数进行计数，用于统计组中满足条件的行数或总行数，返回 SELECT 语句检索到的行中非 NULL 值的数目，若找不到匹配的行，则返回 0。其语法格式如下。

```
COUNT ( {[ALL | DISTINCT] 表达式} | * )
```

说明如下。

（1）表达式的数据类型是除 BLOB 或 TEXT 之外的任何类型。

（2）ALL 表示对所有值进行运算，DISTINCT 表示去除重复值，默认为 ALL。

（3）使用 COUNT(*)时将返回检索行的总数目，不论其是否包含 NULL 值。

【例 5-31】 求会员总人数。具体代码如下。

```
USE weborder;
    SELECT COUNT(*)  AS '会员总数'  FROM  member;
```

执行结果如图 5-33 所示。

```
| 会员总数 |
|     7 |
1 row in set (0.00 sec)
```

图 5-33　利用 COUNT()函数并查询会员总人数

【例 5-32】 统计库存量在 300 以上的菜品数。具体代码如下。

```
USE weborder;
    SELECT COUNT(count)  AS '库存量在300以上的菜品数'  FROM  food
    WHERE count>300;
```

执行结果如图 5-34 所示。

```
| 库存量在300以上的菜品数 |
|                    7 |
1 row in set (0.00 sec)
```

图 5-34　利用 COUNT()函数查询菜品数

2. MAX()和 MIN()函数

MAX 和 MIN 分别用于求表达式中所有值项的最大值与最小值，要求指定列名。其语法格式如下。

```
MAX / MIN ([ ALL | DISTINCT ] 表达式)
```

说明：表达式是常量、列、函数或表达式，其数据类型可以是数字、字符和时间日期类型。

【例 5-33】　求点餐率最高和最低数量。具体代码如下。

```
SELECT  MAX(hits)  AS  点餐最多, MIN(hits)  AS 点餐最少 FROM  food;
```

执行结果如图 5-35 所示。

图 5-35　利用 MAX() 和 MIN() 函数查询点菜数

注意：当给定列上只有空值或检索出的中间结果为空时，MAX() 和 MIN() 函数的值也为空。

3. SUM() 函数和 AVG() 函数

SUM() 和 AVG() 分别用于求表达式中所有值项的总和与平均值。其语法格式如下。

```
SUM / AVG ([ALL | DISTINCT]表达式)
```

说明：表达式是常量、列、函数或表达式，其数据类型只能是数值型。

【例 5-34】　查询订单编号为 1 的订单总共订了几道菜。具体代码如下。

```
SELECT SUM(count)  AS  '订单菜品数'  FROM  lineitem  WHERE  orderid= 1;
```

执行结果如图 5-36 所示。

图 5-36　利用 SUM() 函数查询订单总点菜数

【例 5-35】　求平均点餐率。具体代码如下。

```
SELECT  AVG(hits)  AS 平均点餐率 FROM  food;
```

执行结果如图 5-37 所示。

图 5-37　利用 AVG() 函数查询平均点餐率

5.3.2　GROUP BY 子句

GROUP BY 子句主要用于根据字段对行分组。例如，根据菜品分类编号对 food 表中的所有行分组，结果是同一菜品分类成为一组。GROUP BY 子句的语法格式如下。

```
GROUP BY {列名 |表达式} [ASC | DESC],...[WITH ROLLUP]
```

GROUP BY 子句后通常包含列名或表达式。MySQL 对 GROUP BY 子句进行了扩展，可以在列的后面指定 ASC（升序）或 DESC（降序），默认为 ASC。GROUP BY 可以根据一个或多个列进行分组，也可以根据表达式进行分组，经常和聚合函数一起使用。

【例 5-36】　按菜品分类统计 food 表中各类菜品的库存总数。具体代码如下。

```
SELECT foodtypeid,SUM(count) AS  '库存总数'
    FROM food GROUP BY foodtypeid;
```

执行结果如图 5-38 所示。

foodtypeid	库存总数
1	760
2	724
3	2320
4	920
5	1000

5 rows in set (0.00 sec)

图 5-38　利用 GROUP BY 查询各类菜品的库存总数

【例 5-37】　按菜品编号分类统计其订单数和总订购份数。具体代码如下。

```
SELECT foodid, SUM(count) AS '总订购份数', COUNT(orderid) AS '订单数'
    FROM lineitem
        GROUP BY foodid;
```

执行结果如图 5-39 所示。

使用带 ROLLUP 操作符的 GROUP BY 子句，可指定在结果集内不仅包含由 GROUP BY 提供的正常行，还包含汇总行，产生的规则是按列逆序依次进行汇总。请对比例 5-37 与例 5-38 的结果。

【例 5-38】　按菜品编号分类统计其订单数和总订购份数，并汇总结果。具体代码如下。

```
SELECT foodid, SUM(count) AS '总订购份数', COUNT(orderid) AS '订单数'
    FROM lineitem
        GROUP BY foodid WITH ROLLUP;
```

执行结果如图 5-40 所示，最后一行即为汇总行。

foodid	总订购份数	订单数
1	1	1
5	1	1
7	2	2
10	1	1
15	2	2
18	3	1
2	1	1
6	2	2
9	2	2
11	4	2
16	1	1
3	2	2
12	5	1
4	3	3
8	1	1
13	4	1

16 rows in set (0.00 sec)

图 5-39　利用 GROUP BY 查询各类菜品的订单数和总订购份数

foodid	总订购份数	订单数
1	1	1
2	1	1
3	2	2
4	3	3
5	1	1
6	2	2
7	2	2
8	1	1
9	2	2
10	1	1
11	4	2
12	5	1
13	4	1
15	2	2
16	1	1
18	3	1
NULL	35	24

图 5-40　带汇总的 GROUP BY 分组查询

带 ROLLUP 的 GROUP BY 子句可以与复杂的查询条件和连接查询一起使用。

5.3.3　HAVING 子句

使用 HAVING 子句的目的与 WHERE 子句类似，不同的是 WHERE 子句是用来在 FROM 子句之后选择行，而 HAVING 子句用来在 GROUP BY 子句后选择行。其语法格式如下。

HAVING 条件

说明：条件的定义和 WHERE 子句中的条件类似，不过 HAVING 子句中的条件可以包含聚合函数，而 WHERE 子句中则不可以。

SQL 标准要求 HAVING 必须引用 GROUP BY 子句中的列或用于聚合函数中的列。

125

不过，MySQL 支持对此工作性质的扩展，并允许 HAVING 引用 SELECT 清单中的列和外部子查询中的列。

【例 5-39】 查找 lineitem 表中一次订购超过 5 道菜的订单编号和菜品数量。具体代码如下。

```
SELECT orderid AS '订单编号', SUM(count)  AS '菜品数量'
    FROM lineitem
      GROUP BY orderid
        HAVING  SUM(count) >5;
```

执行结果如图 5-41 所示。

订单编号	菜品数量
1	8
2	6
3	7
5	7

4 rows in set (0.00 sec)

图 5-41　利用 HAVING 查询订单编号和菜品数量

【例 5-40】 查找 food 表中不同分类、库存总数量大于 500 的菜品的分类编号和总数量。具体代码如下。

```
SELECT  foodtypeid AS '菜品分类编号', SUM(count)  AS '总数量'
    FROM food
      GROUP BY  foodtypeid
        HAVING  SUM(count) >600;
```

执行结果如图 5-42 所示。

菜品分类编号	总数量
1	760
2	724
3	2320
4	920
5	1000

5 rows in set (0.00 sec)

图 5-42　利用 HAVING 查询菜品分类编号和总数量

5.3.4　ORDER BY 子句

在一条 SELECT 语句中，如果不使用 ORDER BY 子句，那么结果中行的顺序是不可预料的。使用 ORDER BY 子句后可以保证结果中的行按一定顺序排列。其语法格式如下。

```
ORDER BY {列名 | 表达式 | 列编号} [ASC | DESC], ...
```

说明如下。

(1) ORDER BY 子句后可以是一个列、一个表达式或一个正整数。正整数表示按结果表中该位置上的列排序。例如,使用 ORDER BY 5 表示对 SELECT 的列清单上的第 5 列进行排序。

(2) 关键字 ASC 表示升序排列,DESC 表示降序排列,系统默认值为 ASC。

【例 5-41】 将 member 表中会员按年龄大小排序。具体代码如下。

```
SELECT  *  FROM  member
         ORDER BY birthday;
```

执行结果如图 5-43 所示。

memberid	membertypeid	membername	sex	birthday	telephone	address
6	3	赵宏娟	女	1980-03-03	18044985544	天津市河北区串场街
4	2	李晓成	男	1999-10-10	15634556684	济南市历下区经十路11101号
2	1	王艳	女	1999-12-03	13756789009	济南市历下区高新区莱茵格调街区
1	1	张明瑞	男	2000-01-23	13545348955	北京市丰台玉泉营街56号
3	1	张凯	男	2001-03-12	13023433999	济南市市中区经十路2065号
7	3	梁小红	女	2001-05-04	13022348867	赣州市章贡区水南镇
5	2	李丰年	男	2002-01-23	17834210012	天津市河北区望海楼街

图 5-43　利用 ORDER BY 子句将会员按年龄大小排序

【例 5-42】 将 food 表中菜品按价格多少排序。具体代码如下。

```
SELECT  *  FROM  food
         ORDER BY price DESC;
```

执行结果如图 5-44 所示。

foodid	foodname	foodtypeid	price	count	description
8	年年有鱼	2	55.00	40	原料：金昌鱼、辣椒、葱、姜、玉米油、蒸鱼豉油、盐、料酒。
6	剁椒蒸鸡翅	2	50.00	54	原料：鸡翅、剁椒、香葱、盐、生抽、蒜末、姜末、老抽、料酒。
9	洋葱木耳炒虾仁	2	45.00	30	原料：洋葱、木耳、虾仁、玉米油、姜蒜、花椒、辣椒、盐、生抽、白胡椒粉。
5	什锦豆腐	2	30.00	40	原料：豆腐、木耳、洋葱、青椒、番茄、青蒜、大葱、蒜、盐、水淀粉、酱油、蚝油、剁椒、五香粉。
7	西红柿炒鸡蛋	2	30.00	60	原料：西红柿、鸡蛋、葱花、淀粉水、猪油、白糖、盐、葱油。
11	茴香猪肉饺子	3	30.00	300	原料：茴香、猪肉馅、大葱、生姜、盐、清水、生抽、胡椒粉、鸡蛋、小麻油、马蹄。
15	虾仁菌汤	4	30.00	120	原料：大虾、香菇、木耳、鸡蛋、蟹味菇、白玉菇、食用油、盐、蚝油、葱、姜、蒜、香菜。
1	凉拌鱼皮	1	28.00	50	原料：鱼皮、姜、凉拌醋、姜、蒜、小米辣、辣椒粉、辣椒面、凉拌醋、白芝麻。
2	糖醋蒜泥藕	1	26.00	100	原料：莲藕、小米椒、蒜泥、盐、白糖、味精、白醋、香油。
4	蒜泥拍黄瓜	1	26.00	90	原料：黄瓜、蒜泥、葱花、盐。
16	油菜蛋花汤	4	26.00	300	原料：油菜、鸡蛋、盐、亚麻籽油、蒜片、食用油。
19	鲜橙汁	5	25.00	400	原料：纽荷尔脐橙、矿泉水。
10	菠菜面	3	23.00	120	原料：面粉、菠菜、酱油、醋、盐、肉臊子、素臊子。
3	凉拌有机菜花	1	20.00	120	原料：有机菜花、小米椒、盐、蒜泥、白糖、味精、香油。
17	冬瓜汤	4	20.00	200	原料：冬瓜、韭菜、烘干海米、油、盐。
18	草莓汁	5	20.00	400	原料：新鲜草莓、纯净水、冰块。
12	葱油饼	3	16.00	300	原料：面粉、温水、香葱、猪油、盐、五香粉。
14	蛋炒饭	3	10.00	600	原料：松仁、米饭、鸡蛋、生抽。
13	花卷	3	3.00	500	原料：自发粉、温水、葱花、花椒粉、盐、水、油。

图 5-44　利用 ORDER BY 子句菜品按价格多少排序

5.3.5　LIMIT 子句

LIMIT 子句是 SELECT 语句的最后一个子句,主要用于限制被 SELECT 语句返回的行数。其语法格式如下。

```
LIMIT {[偏移量,] 行数 |行数  OFFSET 偏移量}
```

语法格式中的偏移量和行数都必须是非负的整数常数，偏移量指定返回的第一行的偏移量，行数是返回的行数。例如，"LIMIT 5"表示返回 SELECT 语句的结果集中最前面 5 行，而"LIMIT 2,5"则表示从第 3 行开始返回 5 行。值得注意的是初始行的偏移量为 0 而不是 1。

【例 5-43】 改写例 5-41，只显示最贵的 5 道菜。具体代码如下。

```
SELECT  *  FROM  food
          ORDER BY price DESC
              LIMIT 5;
```

执行结果如图 5-45 所示。

foodid	foodname	foodtypeid	price	count	description
8	年年有鱼	2	55.00	40	原料：金昌鱼、辣椒、葱、姜、玉米油、蒸鱼豉油、盐、料酒。
6	剁椒蒸鸡翅	2	50.00	54	原料：鸡翅、剁椒、香葱、盐、生抽、蒜末、姜末、老抽、料酒。
9	洋葱木耳炒虾仁	2	45.00	30	原料：洋葱、木耳、虾仁、玉米油、姜、蒜、花椒、辣椒、盐、生抽、白胡椒粉。
7	西红柿炒鸡蛋	2	30.00	60	原料：西红柿、鸡蛋、葱花、淀粉水、猪油、白糖、盐、葱油。
5	什锦豆腐	2	30.00	40	原料：豆腐、木耳、洋葱、青椒、番茄、青蒜、大葱、蒜、盐、水淀粉、酱油、蚝油、剁椒、五香粉。

图 5-45 利用 LIMIT 子句只显示最贵的 5 道菜

【例 5-44】 改写例 5-41，只显示第三行开始的 3 条记录。其具体代码如下。

```
SELECT  *  FROM  member
              ORDER BYbirthday
LIMIT  2,3;
```

执行结果如图 5-46 所示。

memberid	membertypeid	membername	sex	birthday	telephone	address
2	1	王艳	女	1999-12-03	13756789009	济南市历下区高新区莱茵格调街区
1	1	张明瑞	男	2000-01-23	13545348955	北京市丰台区玉泉营街56号
3	1	张凯	男	2001-03-12	13023433999	济南市市中区经十路2065号

图 5-46 利用 LIMIT 子句显示特定的顺序记录

本 章 小 结

本章介绍了如何使用 SELECT 语句实现单表和多表查询。其中 FROM 子句用来指定查询对象。WHERE 子句按条件从 FROM 子句的中间结果中选取行，条件判定运算包括比较运算、模式匹配、范围比较、空值比较和子查询。JOIN 子句用来建立多表的连接。GROUP BY 子句主要用于根据字段对行分组。HAVING 子句用来在 GROUP BY 子句后按条件选择行。ORDER BY 子句可以保证结果中的行按一定顺序排列。LIMIT 子句用于限制被 SELECT 语句返回的行数。SELECT 是结构化查询语言 SQL 中使用率最高,也是最重要的语句,需要重点学习和掌握。

本 章 实 训

1. 实训目的

(1) 掌握列查询的基本方法。
(2) 掌握条件查询的基本方法。
(3) 掌握多表查询的基本方法。
(4) 掌握数据表的统计和排序的基本方法。

2. 实训内容

对网络点餐数据库(weborder)完成以下查询。

1) 单表查询

(1) 查询桌台表中桌台名称和桌台状态。

(2) 查询职员表中的 waitername 和 telephone 列,显示的列标题改为显示“职员姓名”和“电话”。

(3) 查询本店有几种座位数的桌台(要求消除重复行)。

(4) 查询职员表中员工的 waitername 和 age 列,列标题改为年龄、员工等级,要求年龄小于 20 岁显示为“新员工”,20～30 岁显示为“骨干员工”,大于 30 岁为“资深员工”。

2) 条件查询

(1) 查询桌台表中能坐 10 人以上的桌台信息。

(2) 查询消费信息表中客户会员编号为 1,且由职员编号为 1002 提供服务的消费信息。

(3) 查询职员表中姓张或姓李的职员信息。

(4) 查询消费信息表中消费时间为 2022 年 3 月的消费信息。

3) 多表查询

(1) 查询“刘明敏”的基本情况和提供服务的情况。

(2) 查询所有包间的桌台名称、桌台包间费和消费时间。

(3) 查询每个职员的姓名、性别、年龄和服务的房间号。

(4) 查询每个桌台的桌台名称和消费时间,没有消费过的,消费时间用 NULL 表示。

4) 分类汇总与排序

(1) 按性别分别统计出职员的人数。

(2) 查询职员中小于 30 岁的人员年龄分布。

(3) 查询所有包间的桌台编号、桌台名称、桌台包间费,并按包间费降序排列,如果包间费相同则按桌台编号升序排列。

(4) 在消费信息表中查询每位职员服务了几个桌台,结果按降序排列。

(5) 查询本店桌台座位数最多的 3 个桌台的信息。

本 章 练 习

1. 选择题

(1) 以下选项描述错误的是（　　）。

    A. 等值连接的关系需要具有数目相等且可比的属性组

    B. 自然连接的结果是等值连接去除重复的属性组

    C. 除法可看作笛卡尔积的逆运算

    D. 以上说法都不正确

(2) SELECT 语句执行的结果是（　　）。

    A. 数据项　　　　　B. 元组　　　　　C. 表　　　　　D. 数据库

(3) 在 SELECT 语句中，如果要对输出的记录进行排序，应该使用（　　）。

    A. ORDER BY　　B. GROUP BY　　C. HAVING　　D. LIMIT

(4) 在 SELECT 语句中使用（　　）子句来显示工资超过 5000 元的员工。

    A. ORDER BY SALARY＞5000　　　　B. GROUP BY SALARY＞5000

    C. HAVING SALARY＞5000　　　　　D. WHERE SALARY＞5000

(5) 在 SELECT 语句中，用来指定查询所用的表的子句是（　　）。

    A. WHERE　　　　B. GROUP BY　　C. ORDER BY　　D. FROM

(6) 在 SELECT 语句中，WHERE 引导的是（　　）。

    A. 表名　　　　　B. 字段列表　　　C. 条件表达式　　D. 列名

(7) 在 SELECT 语句中，（　　）子句后可能带有 HAVING 短语。

    A. ORDER　BY　　B. GROUP BY　　C. WHERE　　　D. LIMIT

(8) 有下列 SQL SELECT 语句：SELECT ＊ FORM 成绩表 WHERE 物理 BETWEEN 80 AND 90。下列与该语句等价的（　　）。

    A. SELECT ＊ FROM 成绩表 WHERE 物理＜＝90 AND 物理＞＝80

    B. SELECT ＊ FROM 成绩表 WHERE 物理＜90 AND 物理＞80

    C. SELECT ＊ FROM 成绩表 WHERE 物理＞＝90 AND 物理＜＝80

    D. SELECT ＊ FROM 成绩表 WHERE 物理＞90 AND 物理＜80

(9) 在 SELECT 语句中，为了在查询结果中消去重复记录，应使用（　　）项。

    A. PERCENT　　　　　　　　　　B. DISTINCT

    C. LIMIT N　　　　　　　　　　D. WITH ROLLUP

(10) 查找教师表中教师最高的工资值，下列 SQL 语句正确的是（　　）。

    A. SELECT MAX(工资)FROM 教师表

    B. SELECT MIN(工资)FROM 教师表

    C. SELECT AVG(工资)FROM 教师表

    D. SELECT SUM(工资)FROM 教师表

(11) 在 SELECT 语句中，为了在查询结果中只包含 2 个表中符合条件的记录，应使用

（ ）连接类型。

    A. INNER   B. LEFT   C. RIGHT   D. FULL

（12）下面关于数据查询的描述正确的是（ ）。

    A. 查询数据的条件仅能实现相等的判断

    B. 查询的数据必须包括表中的所有字段

    C. 星号"＊"通配符代替数据表中的所有字段名

    D. 以上答案都正确

（13）查询数据时可用（ ）代替数据表中的所有字段名。

    A. ＊   B. ％   C. ＿   D. .

2. 填空题

（1）SELECT 语句中用于计数的函数是＿＿＿＿，用于求和的函数是＿＿＿＿，用于求平均值的函数是＿＿＿＿。

（2）在 SELECT 语句中，能够进行模糊查询的运算符是＿＿＿＿。

（3）SELECT 语句的子句主要有＿＿＿＿、WHERE、GROUP BY、HAVING、ORDER BY、LIMIT。

（4）在 SELECT 语句中，用来定义一个区间范围的特殊运算符是＿＿＿＿。

（5）在 SELECT 语句中，检查一个属性值是否属于一组给定的值的特殊运算符是＿＿＿＿。

第6章 数 据 视 图

学习目标
- 理解视图的概念和作用。
- 掌握定义视图的要点及 SQL 语句的语法。
- 掌握查询视图和更新视图的要点及 SQL 语句的语法。

在前面章节的学习中,操作的数据表都是一些真实存在的表,有时也把这些表称为基础表。事实上,数据库中还有一种定义在真实表基础上的虚拟表,这种虚拟表被称为视图。本章将针对数据库中视图的基本操作进行详细的讲解。

6.1 视 图 概 述

视图是从一个或几个基本表(或视图)导出的表。它与基本表不同,是一个虚表,即数据库中只存储视图的定义,而不存储视图对应的数据,这些数据仍存放在原来的基本表中。对视图的数据进行操作时,系统会根据视图的定义去操作与视图相关联的基本表。当基本表中的数据发生变化时,从视图中查询出的数据也就随之改变了。视图就像一个窗口,透过它可以看到数据库中需要关注的数据及其变化。

视图一经定义,就可以和基本表一样被查询、修改、删除。也可以在一个视图之上再定义新的视图。与直接操作基本表相比,视图具有以下优点。

1. 简化用户的操作

视图机制可以使用户将注意力集中到所关心的数据上。当用户关心的数据分散在多个表中时,可以通过定义视图把多个表的数据集中起来,使数据库看起来结构简单、清晰,用户不需要了解复杂的数据库表结构,从而简化用户的数据查询和处理操作。

2. 用户能以多种角度看待同一数据

视图机制可以使不同的用户以不同的方式看待同一数据,针对共享同一个数据库的不同种类的用户,使用视图可以灵活地解决问题。

例如,学生表 Student 中包含全校 10 个院系学生的数据,可以在 Student 表上定义 10 个视图,每个视图只包含一个院系的学生数据,保证每个院系只能查看和操作自己院系学生的信息。这里不同视图的创建都基于相同的学生表这一数据。

3. 对数据提供安全保护

通过视图机制,可以在设计数据库应用系统时,对不同的用户定义不同的视图,使用户不能看到不应该看到的数据。这样视图机制就自动提供对数据的安全保护功能。

6.2　定 义 视 图

6.2.1　建立视图

SQL 语言使用 CREATE VIEW 命令建立视图,其语法格式如下。

```
CREATE[OR REPLACE]  VIEW 视图名[(列名列表)]
AS 子查询
[WITH [CASCADED | LOCAL]  CHECK  OPTION]
```

说明如下。

(1) OR REPLACE:可选项,使用 OR REPLACE 子句,建立视图时会覆盖已存在的同名视图。

(2) 列名列表:可选项,用来定义组成视图的属性列名,多个列名之间用逗号隔开。其中列名数目必须等于 AS 关键字后子查询的列数。当省略列名列表时,该视图由子查询中 SELECT 语句目标列中的所有字段组成。

(3) 子查询:用来创建视图的 SELECT 语句,可在 SELECT 语句中查询多个表或视图。

(4) WITH CHECK OPTION:可选项,指对视图进行更新、删除和插入操作都要满足子查询中所指定的限制条件。当视图定义在另一个视图基础之上时,它还会检查依赖视图中的规则以保持一致性,为了确定检查的范围,WITH CHECK OPTION 给出 LOCAL 和 CASCADED 两个参数。LOCAL 关键字使 CHECK OPTION 只对当前定义的视图规则进行检查,CASCADED 则会对所有级联依赖视图的规则进行检查。如果未显示指定关键字,则默认为 CASCADED。

建立视图时,需要注意以下事项。

(1) 视图属于数据库,在默认情况下,会在当前数据库建立新视图。通过将视图名称指定为"数据库名.视图名"的形式,可以在指定数据库中建立视图。

(2) 视图定义中引用的表或视图必须存在。

(3) 视图的命名必须遵循标志符命名规范,不能与表同名,视图名必须是唯一的。

(4) 不能在视图上建立任何索引。

【例 6-1】　在 weborder 数据库中创建视图 member_v1,包含所有女客户的会员编号、姓名、性别、出生日期、电话、会员等级名称和折扣。同时需要满足对视图的修改都要符合用户性别为"女"这个条件。具体代码如下。

```
CREATE OR REPLACE VIEW member_v1
    AS
        SELECT memberid, membername, sex, birthday, typename, discount
            FROM member, membertype
            WHERE member.membertypeid=membertype.membertypeid
                AND member.sex='女'
        WITH CHECK OPTION;
```

由于会员编号、姓名、性别、出生日期、电话来自 member 表，而会员等级名称和折扣来自 membertype 表，要查询这些信息就需要建立多表查询。具体代码如下。

```
SELECT memberid, membername, sex, birthday, typename, discount
FROM member, membertype
WHERE member.membertypeid=membertype.membertypeid AND member.sex='女';
```

本例中省略了视图 member_v1 的列名，此时视图由子查询中 SELECT 语句目标列中的所有字段组成。为了满足对该视图的修改都要符合用户性别为"女"这个条件，需要使用参数 WITH CHECK OPTION。

数据库管理系统执行 CREATE VIEW 命令建立视图时，只是把视图的定义存储到数据字典，并不执行其中的 SELECT 语句。只是在对视图查询时，才按视图的定义从基本表中将数据取出。

【例 6-2】 在 weborder 数据库中创建视图 member_v2，查询出生日期在 1980-01-01 和 1999-12-31 之间的女客户的会员姓名、出生日期、会员等级的信息。要求视图中的列名用中文表示。具体代码如下。

```
CREATE VIEW member_v2 (会员姓名,出生日期,会员等级)
    AS
SELECT membername,birthday,typename
FROM member_v1 WHERE birthday BETWEEN '1980-01-01' AND '1999-12-31';
```

这里的视图 member_v2 定义在例 6-1 已经创建好的视图 member_v1 之上，并且指明了组成视图 member_v2 的属性列名。

要想查看数据库中定义了哪些视图，可以通过"SHOW TABLES;"语句查看当前数据库中已经存在的视图。例如，在 weborder 数据库中执行下面的语句。

```
SHOW TABLES;
```

视图和表会按顺序排列展示出来，显示结果如下。

```
mysql> SHOW TABLES;
+-------------------+
| Tables_in_weborder |
+-------------------+
| food              |
| food_v5           |
| foodtype          |
| guestfood         |
| lineitem          |
| member            |
| member_v1         |
| member_v2         |
| member_v3         |
| member_v4         |
| membertype        |
| orders            |
| orders_v3         |
| room              |
| waiter            |
+-------------------+
15 rows in set (0.01 sec)
```

和表一样,通过"DESC 视图名;"语句显示视图的列结构。其具体代码如下。

```
DESC member_v1;
```

显示结果如下。

```
mysql> DESC member_v1;
+------------+--------------+------+-----+---------+-------+
| Field      | Type         | Null | Key | Default | Extra |
+------------+--------------+------+-----+---------+-------+
| memberid   | int          | NO   |     | NULL    |       |
| membername | varchar(20)  | NO   |     | NULL    |       |
| sex        | char(2)      | YES  |     | NULL    |       |
| birthday   | date         | YES  |     | NULL    |       |
| typename   | varchar(10)  | NO   |     | NULL    |       |
| discount   | decimal(10,2)| NO   |     | NULL    |       |
+------------+--------------+------+-----+---------+-------+
6 rows in set (0.00 sec)
```

也通过下面的命令显示视图的详细信息。

```
SHOW CREATE VIEW 视图名;
```

6.2.2　修改视图定义

使用 ALTER 语句可以修改已有视图的定义,其语法格式如下。

```
ALTER VIEW 视图名[(列名列表)]
AS SELECT 语句
[WITH [CASCADED | LOCAL] CHECK OPTION]
```

ALTER VIEW 语句的语法和 CREATE VIEW 类似,这里不再赘述。

【例 6-3】　将视图 member_v1 的属性列名改为会员编号、姓名、性别、出生日期、等级、折扣。具体代码如下。

```
ALTER VIEW member_v1(会员编号,姓名,性别,出生日期,等级,折扣)
    AS
        SELECT memberid, membername, sex, birthday, typename, discount
```

135

```
        FROM member, membertype
        WHERE member.membertypeid=membertype.membertypeid
            AND member.sex='女'
        WITH CHECK OPTION;
```

6.2.3 删除视图定义

使用 DROP 语句可以删除视图，删除视图时，只删除视图的定义，不会删除其关联的表或视图。其语法格式如下。

```
DROP VIEW [IF EXISTS]
    视图名 1[, 视图名 2, ...]
```

如果声明了 IF EXISTS，即使视图不存在，也不会出现错误信息。使用 DROP VIEW 可以一次删除多个视图，多个视图名之间用逗号分隔。

【例 6-4】 删除视图 member_v2。具体代码如下。

```
DROP VIEW member_v2;
```

6.3 查 询 视 图

视图定义后，用户就可以像对基本表一样对视图进行查询了。

【例 6-5】 在视图 member_v1 中查询会员等级为"金卡会员"的用户信息。具体代码如下。

```
SELECT * FROM member_v1  WHERE typename='金卡会员';
```

数据库管理系统执行查询视图时，首先检查视图是否存在。如果存在，则从数据字典中取出视图的定义，把定义中的子查询和用户的查询结合起来，转换成等价的对基本表的查询，然后再执行修正了的查询。这一转换过程称为视图消解。

【例 6-6】 查询累计订单数大于 10 的客户的信息，包括会员编号、会员姓名、性别、出生日期、订单总数。

首先创建统计客户订单数量的视图 orders_v3，再从视图 orders_v3 中查询订单数大于 10 的客户的信息。

（1）创建统计客户订单数量的视图 orders_v3。具体代码如下。

```
CREATE VIEW orders_v3
AS
SELECT orders. memberid, membername, sex, birthday,
COUNT(orders.memberid) AS ordernum
```

```
              FROM orders,member
              WHERE orders.memberid=member.memberid
              GROUP BY orders.memberid;
```

（2）从视图 orders_v3 中查询订单数大于 10 的客户的信息。具体代码如下。

```
SELECT * FROM orders_v3 where ordernum>10;
```

通过视图可以屏蔽数据库的复杂性，简化了用户的 SQL 程序设计。

注意：由于视图是不实际存储数据的虚表，因此对视图的查询，最终要转换为对基本表的查询。

使用视图查询时，如果其关联的基本表中新增了字段，该视图将不包含新增的字段；若与视图相关联的表或视图被删除，则该视图不能再使用。

6.4　更　新　视　图

更新视图是指通过视图来插入（INSERT）、删除（DELETE）和修改（UPDATE）数据。

由于视图是不实际存储数据的虚表，因此对视图的更新，最终要转换为对基本表的更新。判断视图是否为可更新视图，需要看视图的更新是否可以有意义地转换成对相应基本表的更新。一般情况下，当视图定义中包含下列任意一种情况时，视图是不可更新的。

（1）视图定义中的字段来自聚合函数。

（2）视图定义中含有 DISTINCT 关键字。

（3）视图定义中含有 GROUP BY 子句。

（4）视图定义中含有 HAVING 子句。

（5）视图定义中含有 UNION 运算符。

（6）视图定义在不可更新的视图之上。

（7）WHERE 子句中的子查询引用了 FROM 子句中的表。

为防止用户通过视图对数据进行插入、删除、修改时，对不属于视图范围内的基本表数据进行操作，可以在定义视图时加上 WITH CHECK OPTION 子句。这样，在视图上更新数据时，系统会检查数据是否符合视图定义中 WHERE 子句的条件。

6.4.1　插入数据

在 MySQL 中，可以使用 INSERT 语句通过视图向基本表中插入记录。

当视图所依赖的基本表有多个时，不能向该视图插入数据，因这将会影响多个基本表。例如，不能向视图 member_v1 插入数据，因为 member_v1 依赖 member 和 membertype 两个基本表。

【例 6-7】　在 weborder 数据库中创建视图 member_v4，该视图定义在基本表 member 之上，视图中只包含女客户的信息。向视图 member_v4 中插入一条记录"8,2,李晓明,女,

1988-08-10,18910116666,北京五道口"。

（1）创建视图 member_v4。其具体代码如下。

```
CREATE OR REPLACE VIEW member_v4
    AS
        SELECT  *
            FROM member WHERE sex='女'
        WITH CHECK OPTION;
```

（2）插入数据。其具体代码如下。

```
INSERT INTO member_v4
VALUES(8,2,'李晓明','女','1988-08-10','18910116666','北京五道口');
```

执行以上 SQL 语句后使用 SELECT ＊ FROM member_v4 查询，结果如图 6-1 所示。

memberid	membertypeid	membername	sex	birthday	telephone	address
2	1	王艳	女	1999-12-03	13756789009	济南市历下区高新区莱茵格调街区
6	3	赵宏娟	女	1980-03-03	18044985544	天津市河北区串场街
7	3	梁小红	女	2001-05-04	13022348867	赣州市章贡区水南镇
8	2	李晓明	女	1988-08-10	18910116666	北京五道口

图 6-1　视图 member_v4 的查询结果

执行 SELECT ＊ FROM member 查询，结果如图 6-2 所示。

memberid	membertypeid	membername	sex	birthday	telephone	address
1	1	张明瑞	男	2000-01-23	13545348955	北京市丰台区玉泉营街56号
2	1	王艳	女	1999-12-03	13756789009	济南市历下区高新区莱茵格调街区
3	1	张凯	男	2001-03-12	13023433999	济南市市中区经十路2065号
4	2	李晓成	男	1999-10-10	15634556684	济南市历下区经十路11101号
5	2	李丰年	男	2002-01-23	17834210012	天津市河北区望海楼街
6	3	赵宏娟	女	1980-03-03	18044985544	天津市河北区串场街
7	3	梁小红	女	2001-05-04	13022348867	赣州市章贡区水南镇
8	2	李晓明	女	1988-08-10	18910116666	北京五道口

图 6-2　基本表 member 查询结果

从图 6-1 和图 6-2 可见，通过查询视图 member_v4 及基本表 member 中的数据，新增的记录都已添加。

注意：在向视图中插入记录时，只能插入性别为女的客户信息，否则，将提示"［Err］1369 - CHECK OPTION failed 'weborder.member_v4'"错误信息。

INSERT 语句中必须包含 FROM 子句中指定表的所有不允许为空的字段。例如，如果 member_v4 在定义的时候没有 membername 字段，则执行 INSERT 语句时会报错。

6.4.2　修改数据

在 MySQL 中，可以使用 UPDATE 语句通过视图对基本表中的数据进行更新。

【例 6-8】 创建基于 food 表的视图 food_v5，然后将视图 food_v5 中所有凉菜类的菜品的单价降低 5 元钱。

（1）创建视图 food_v5。具体代码如下。

```
CREATE OR REPLACE VIEW food_v5
    AS
        SELECT * FROM food
            WHERE foodtypeid='1';
```

执行查询 SELECT * FROM food_v5,结果如图 6-3 所示。

foodid	foodname	foodtypeid	price	count	description	hits	comment
1	凉拌鱼皮	1	28.00	50	原料：鱼皮、姜、凉拌醋、姜、蒜、小米辣、辣椒粉、辣椒面、凉拌醋、白芝麻。	100	-1
2	糖醋蒜泥藕	1	26.00	100	原料：莲藕、小米椒、蒜泥、盐、白糖、味精、白醋、香油。	100	-1
3	凉拌有机菜花	1	20.00	120	原料：有机菜花、小米椒、盐、蒜泥、白糖、味精、香油。	80	-1
4	蒜泥拍黄瓜	1	26.00	90	原料：黄瓜、蒜泥、葱花、盐。	120	20

图 6-3　修改之前视图 food_v5 的查询结果

（2）修改视图 food_v5 中所有菜品的单价。具体代码如下。

```
UPDATE food_v5 SET price=price-5;
```

重新执行查询 SELECT * FROM food_v5,结果如图 6-4 所示。

foodid	foodname	foodtypeid	price	count	description	hits	comment
1	凉拌鱼皮	1	23.00	50	原料：鱼皮、姜、凉拌醋、姜、蒜、小米辣、辣椒粉、辣椒面、凉拌醋、白芝麻。	100	-1
2	糖醋蒜泥藕	1	21.00	100	原料：莲藕、小米椒、蒜泥、盐、白糖、味精、白醋、香油。	100	-1
3	凉拌有机菜花	1	15.00	120	原料：有机菜花、小米椒、盐、蒜泥、白糖、味精、香油。	80	-1
4	蒜泥拍黄瓜	1	21.00	90	原料：黄瓜、蒜泥、葱花、盐。	120	20

图 6-4　修改之后视图 food_v5 的查询结果

执行下面的查询。

```
SELECT * FROM food WHERE foodtypeid='1';
```

结果如图 6-5 所示。

foodid	foodname	foodtypeid	price	count	description	hits	comment
1	凉拌鱼皮	1	23.00	50	原料：鱼皮、姜、凉拌醋、姜、蒜、小米辣、辣椒粉、辣椒面、凉拌醋、白芝麻。	100	-1
2	糖醋蒜泥藕	1	21.00	100	原料：莲藕、小米椒、蒜泥、盐、白糖、味精、白醋、香油。	100	-1
3	凉拌有机菜花	1	15.00	120	原料：有机菜花、小米椒、盐、蒜泥、白糖、味精、香油。	80	-1
4	蒜泥拍黄瓜	1	21.00	90	原料：黄瓜、蒜泥、葱花、盐。	120	20

图 6-5　修改之后表 food 的查询结果

通过图 6-4 和图 6-5 可知,修改视图 food_v5 中的数据实际上是将基本表 food 中所有凉菜类的菜品的单价降低 5 元钱。

若一个视图依赖于多个基本表,则对视图的一次修改只能变动一个基本表的数据。

【例 6-9】 将视图 member_v1 中会员编号为 2 的客户的姓名改为王燕,并将折扣改为 0.98。

视图 member_v1 依赖 member 和 membertype 两张表,对视图 member_v1 的一次修改只能变动一个基本表的数据。因此执行下面的 SQL 语句,会提示"[Err] 1393 - Can not modify more than one base table through a join view 'weborder.member_v1'"错误信息。

```
UPDATE member_v1 SET membername='王燕', discount=0.98
    WHERE memberid=2;
```

可以通过两条 SQL 语句分别对客户姓名及折扣进行修改。

在修改之前,执行查询 SELECT ＊ FROM member_v1,结果如图 6-6 所示。

memberid	membername	sex	birthday	typename	discount
2	王艳	女	1999-12-03	普通会员	1.00
6	赵宏娟	女	1980-03-03	金卡会员	0.80
7	梁小红	女	2001-05-04	金卡会员	0.80
8	李晓明	女	1988-08-10	vip	0.90

图 6-6 修改之前视图 member_v1 的查询结果

接下来,执行下面的 SQL 语句。

```
UPDATE member_v1 SET membername='王燕'
    WHERE memberid=2;
UPDATE member_v1 SET discount=0.98
    WHERE memberid=2;
```

分别执行下面的查询。

```
SELECT * FROM member_v1;
SELECT * FROM member;
SELECT * FROM membertype;
```

结果如图 6-7～图 6-9 所示。

memberid	membername	sex	birthday	typename	discount
2	王燕	女	1999-12-03	普通会员	0.98
6	赵宏娟	女	1980-03-03	金卡会员	0.80
7	梁小红	女	2001-05-04	金卡会员	0.80
8	李晓明	女	1988-08-10	vip	0.90

图 6-7 修改之后视图 member_v1 的查询结果

memberid	membertypeid	membername	sex	birthday	telephone	address
1	1	张明瑞	男	2000-01-23	13545348955	北京市丰台区玉泉营街56号
2	1	王燕	女	1999-12-03	13756789009	济南市历下区高新区莱茵格调街区
3	1	张凯	男	2001-03-12	13023433999	济南市市中区经十路2065号
4	2	李晓成	男	1999-10-10	15634556684	济南市历下区经十路11101号
5	2	李丰年	男	2002-01-23	17834210012	天津市河北区望海楼街
6	3	赵宏娟	女	1980-03-03	18044985544	天津市河北区串场街
7	3	梁小红	女	2001-05-04	13022348867	赣州市章贡区水南镇
8	2	李晓明	女	1988-08-10	18910116666	北京五道口

图 6-8 修改视图之后表 member 的查询结果

通过两次修改视图的操作后,视图 member_v1 关联的表 member 中的 typename 及表 membertype 中的 discount 字段的值都发生了变化。

```
mysql> SELECT * FROM membertype;

| membertypeid | typename | discount |

            1   普通会员      0.98
            2   vip          0.90
            3   金卡会员      0.80
```

图 6-9　修改视图之后表 **membertype** 的查询结果

6.4.3　删除数据

在 MySQL 中,当视图依赖于单个基本表时,可以使用 DELETE 语句通过视图来删除基本表中的数据。

【例 6-10】　删除视图 food_v5 中菜品名称为"凉拌鱼皮"的记录。

```
DELETE FROM food_v5 WHERE foodname='凉拌鱼皮';
```

依赖于多个基本表的视图,不能使用 DELETE 语句。例如,不能通过 DELETE 语句删除视图 orders_v3 中的数据,因为该视图依赖于 orders 和 member 两个基本表。

本 章 小 结

(1) 本章介绍了视图的概念与应用。从定义视图、查询视图及更新视图三个方面结合应用案例讲解了如何定义和使用视图。读者需要理解视图的概念和作用,以及如何通过 SQL 语句定义视图、查询视图及更新视图,并理解其中的注意事项。

(2) 视图是根据用户的不同需求,在数据库中按用户需求定义的数据结构。视图是从一个或几个基本表(或视图)导出的虚表,视图没有实体,也就是说,数据库中只存储视图的定义,不实际存储视图所对应的数据。对视图的数据进行操作时,系统会根据视图的定义去操作与视图相关联的基本表。视图一经定义,就可以像基本表一样被查询、插入、修改和删除,但对视图的更新操作是有规则限制的。

本 章 实 训

1. 实训目的

(1) 理解视图的功能和作用。
(2) 掌握视图的定义、查询和更新操作。
(3) 理解操作视图时的一些注意事项。

2. 实训内容

在 weborder 数据库中完成以下视图操作。

1）定义视图

（1）在桌台表 room 的基础上建立视图 room_v1，包含所有座位数不小于 10 的桌台的所有信息。

（2）在职员表 waiter 的基础上建立视图 waiter_v2，包含所有职员身份为"服务员"的职员的所有信息，并要求对该视图的更新要满足职员身份为"服务员"这个条件。

（3）在视图 waiter_v2 和消费信息表 guestfood 基础上建立视图 waiterworkload_v3，包含所有服务员的编号、姓名及服务员为用户提供点餐服务的订单数。

2）查询视图

（1）从视图 room_v1 中查询所有桌台状态为"未使用"的桌台的记录。

（2）从 waiter_v2 中查询所有年龄大于 40 岁的服务员的记录。

（3）从视图 waiterworkload_v3 中查询所有提供点餐服务订单数小于 5 单的服务员的记录。

3）更新视图

（1）通过视图 waiter_v2 插入一条记录"1006，李晓锋，男，30，19945151699，服务员"。

（2）通过视图 room_v1 将桌台编号为"2001"的桌台包间费改为 100。

（3）通过视图 waiterworkload_v3 删除服务订单数为 0 的记录，观察是否允许删除，若不能删除，在什么情况下可以通过视图删除数据。

本 章 练 习

1. 选择题

（1）下面关于视图的说法中，错误的是（　　）。

    A. 可以创建基于视图的视图

    B. 可以使用视图更新数据，但每次更新只能影响一个表

    C. 可以通过关联了多个表的视图删除数据

    D. 视图是虚拟表

（2）下列说法正确的是（　　）。

    A. 视图是观察数据的一种方法，只能依赖于基本表建立

    B. 视图是虚表，观察到的数据实际上是基本表中的数据

    C. 可以在视图上建立索引

    D. 定义中含有 GROUP BY 子句的视图是允许更新的

（3）在 MySQL 中，建立视图使用的命令是（　　）。

    A. CREATE SCHEMA   B. CREATE TABLE

    C. CREATE VIEW   D. CREATE INDEX

（4）在视图上不能完成的操作是（　　）。

    A. 定义查询　　　　B. 定义基本表　　　C. 更新视图　　　　D. 定义新视图

（5）MySQL 的视图是从（　　）中导出的。

    A. 基本表　　　　　　　　　　　　B. 视图

    C. 基本表或视图　　　　　　　　　D. 数据库

（6）视图提高了数据库系统的（　　）。

    A. 完整性　　　　　B. 并发控制　　　　C. 隔离性　　　　　D. 安全性

（7）以下（　　）选项用于为视图数据操作设置检查条件。

    A. WITH CHECK OPTION　　　　　B. AS

    C. SQL SECURITY　　　　　　　　D. ALGORITHM

（8）下面关于语句"CREATE VIEW v_goods AS SELECT id,name FROM goods"描述错误的是（　　）。

    A. 创建 v_goods 的用户默认为当前用户

    B. 视图算法由 MySQL 自动选择

    C. 视图的安全控制默认为 DEFINER

    D. 以上说法都不正确

（9）下面关于自定义视图列的说法错误的是（　　）。

    A. 自定义列名称的顺序与 AS 后 SELECT 字段列表的顺序一致

    B. 自定义列名称的数量必须与 SELECT 字段列表的数量一致

    C. 自定义列名称的视图在操作数据时只能使用自定义的列名称

    D. 以上说法都不正确

（10）以下（　　）命令可替换已有视图。

    A. CREATE VIEW　　　　　　　B. REPLACE VIEW

    C. CREATE OR REPLACE　　　　D. 以上选项都不正确

2. 填空题

（1）_____是从一个或几个基本表（或视图）导出的表。

（2）SQL 语言使用_____命令建立视图。

（3）为防止用户通过视图对数据进行插入、删除、修改时，对不属于视图范围内的基本表数据进行操作，可以在定义视图时加上_____子句。

（4）在 MySQL 中，可以使用_____语句通过视图向基本表中插入记录。

第 7 章　索　　引

学习目标
- 理解索引的作用及常用的不同类型索引的概念。
- 理解索引对查询的影响及索引的弊端。
- 掌握创建和管理索引的相关方法。

　　第 5 章已经学习了数据查询的相关知识,当要查询的表中的数据量过于庞大时,查询的速度就会受到影响,必然会增加用户等待的时间。为了提高查询的效率,可以通过在数据库表上创建索引,来减少查询执行的时间。本章将学习索引的相关基础知识,以及如何为数据库表创建索引,并对其进行管理。

7.1　索 引 概 述

　　索引是一种将数据库表中单列或者多列的值进行排序的数据结构,可以通过特定的查找算法快速获取到表中数据的地址,根据地址定位到表中具体的数据。创建索引的目的是优化数据库表的查询速度。数据库索引类似于一本书的目录,读者可以通过目录快速查找到书中指定内容的位置,对于数据库表来说,可以通过索引快速查找表中的数据。

　　数据库表在没有添加索引的情况下,查询表中的数据默认是进行全量搜索,也就是有多少条数据就要进行多少次查询,然后找到相匹配的数据放到结果集中,直到全表扫描完。而建立索引之后,会根据特定的查找算法快速定位到表中的数据。

　　索引可以提高检索数据的速度,特别是对于有依赖关系的几个表之间的联合查询,合理的索引可以提高查询速度。使用分组和排序子句进行数据查询时,索引可以显著节省查询中分组和排序的时间。

　　当查询所涉及的表数据量较少时,无论有没有建立索引,查询速度上的差异都不会太明显,但当表中的数据量达到一定规模时,差异就非常明显了。假如有一个学生表用来存储学校中所有学生的信息,有成千上万条记录,如果要查询姓名为"张三"的学生的信息。在没有建立索引的情况下,只能进行全表扫描,逐行比对。如果在姓名这一列上建立索引,则可以先在索引值中找到所有姓名为"张三"的记录的地址,然后通过地址定位到表中的记录。可想而知,通过建立索引,可以大大提高数据库表的查询速度。

　　索引在加速查询的同时,也有其弊端。首先,索引一般以文件形式存储在磁盘中,通过索引提高查询速度是以"空间换时间"的代价来实现的。如果有大量的索引,索引文件可能会比数据文件更快地达到最大的文件容量限制。其次,在更新表中索引列上的数据时,数据库系统也需要对索引进行更新,索引中的值需要重新排序,这是需要耗费时间的。当需要对数据库表频繁地插入、删除和修改操作时,建立索引反而会降低更新操作的速度。表中建立的索引越多,对数据库表的更新操作花费的时间越长。

在 MySQL 中,索引按字段特性分类包括主键索引(PRIMARY KEY)、唯一索引(UNIQUE)、普通索引(INDEX)和全文索引(FULLTEXT),按字段个数分类包括单列索引和联合索引。

1. 主键索引

建立在主键上的索引被称为主键索引,一张数据表只能有一个主键索引,索引列值不允许有空值,通常在创建表时一起创建。

2. 唯一索引

建立在 UNIQUE 字段上的索引被称为唯一索引,一张表可以有多个唯一索引,索引列值允许为空,列值中出现多个空值不会发生重复冲突。

3. 普通索引

建立在普通字段上的索引被称为普通索引。

4. 全文索引

全文索引只能创建在 CHAR、VARCHAR、TEXT 类型的字段上。查询数据量较大的字符串类型字段时,使用全文索引可以提高查询速度。

5. 单列索引

建立在单个列上的索引被称为单列索引。

6. 联合索引

建立在多个列上的索引被称为联合索引,又称复合索引、组合索引。在 MySQL 中创建联合索引时,应该把识别度比较高的字段放在前面,从而提高索引的命中率,充分地利用索引。使用联合索引时遵循最左前缀匹配原则。触发联合索引的条件是用户必须使用索引的第一字段,如果查询条件中没有第一字段,则索引不起任何作用。

7.2　创 建 索 引

创建索引是指在数据库表的一列或者多列上建立索引。创建索引的方式包括在创建数据库表时创建索引,在已经创建好的数据库表中创建索引以及修改数据库表结构添加索引。

7.2.1　在创建数据库表时创建索引

在 MySQL 中,可以在创建数据库表时直接创建索引,其语法格式如下。

```
CREATE   TABLE 表名
(列名 数据类型 [NOT NULL | NULL][DEFAULT 默认值]
...
[索引项]
)
```

上面语句中索引项是可选的，索引项语法格式如下。

```
PRIMARY  KEY  (列名, ...)
|[UNIQUE | FULLTEXT]INDEX | KEY  [索引名](列名[(长度)][ASC|DESC], ...)
```

说明如下。

（1）PRIMARY KEY：表示主键索引。

（2）UNIQUE：可选项，表示唯一索引。

（3）FULLTEXT：可选项，表示全文索引。

（4）INDEX 和 KEY 参数用于指定字段索引，使用时只需要选择其中一种即可。

（5）索引名：可选项，用于给创建的索引定义名称，索引在一个表中的名称必须是唯一的。如果没有指定，系统会指定一个默认索引名，主键的索引名为 PRIMARY，其他索引使用索引的第一个列名作为索引名。如果存在多个索引的名字以某一个列的名字开头，就会在列名后面放置一个顺序号码。

（6）列名：索引对应的字段名称，该字段必须在前面创建表的字段中预先定义。

（7）长度：可选项，指索引的长度，表示使用列的前多少个字符创建索引。

（8）ASC|DESC：可选项，指明索引按升序还是降序排列，ASC 表示升序排列，DESC 表示降序排列，默认为 ASC。如果一条 SELECT 语句中的某列按照降序排列，那么在该列上定义一个降序索引可以加快处理速度。

（9）创建普通索引时，不需要添加 UNIQUE、FULLTEXT 等任何参数。

【例 7-1】 在 weborder 数据库中创建菜品分类表 foodtype_copy，包含分类编号（foodtypeid）、分类名称（typename），设置分类编号为主键，并在分类名称上创建唯一索引。具体代码如下。

```
CREATE TABLE foodtype_copy  (
   foodtypeid int(0) NOT NULL,
   typename varchar(20) NOT NULL,
   PRIMARY KEY (foodtypeid),
UNIQUE INDEX (typename)
);
```

执行下面的 SHOW CREATE TABLE 语句查看 foodtype_copy 的表结构。

```
SHOW CREATE TABLE foodtype_copy;
```

运行结果如图 7-1 所示。

从图 7-1 中可以看到，foodtype_copy 表中的 foodtypeid 字段已设置为主键，typename

```
mysql> SHOW CREATE TABLE foodtype_copy;
+---------------+--------------------------------------------------+
| Table         | Create Table                                     |
|               |                                                  |
+---------------+--------------------------------------------------+
| foodtype_copy | CREATE TABLE `foodtype_copy` (
  `foodtypeid` int NOT NULL,
  `typename` varchar(20) NOT NULL,
  PRIMARY KEY (`foodtypeid`),
  UNIQUE KEY `typename` (`typename`)
) ENGINE=InnoDB DEFAULT CHARSET=utf8mb4 COLLATE=utf8mb4_0900_ai_ci |
```

图 7-1　foodtype_copy 表结构中的索引

字段上已经创建了名称为 typename 的唯一索引。

需要注意,设置为 PRIMARY KEY 的列必须是一个具有 NOT NULL 属性的列。

【例 7-2】　在 weborder 数据库中创建会员表 member_simple,包含会员编号(membertypeid)、姓名(membername)、性别(sex)、出生日期(birthday)、电话(telephone)、地址(address),并在姓名和性别两列上建立联合索引。具体代码如下。

```
CREATE TABLE member_simple (
  membertypeid int NOT NULL,
  membername varchar(20) NOT NULL,
  sex char(2) NOT NULL,
  birthday date,
  telephone varchar(20) NOT NULL,
  address varchar(40),
  index info(membername, sex)
);
```

执行下面的 SHOW CREATE TABLE 语句查看 member_simple 的表结构。

```
SHOW CREATE TABLE member_simple;
```

运行结果如图 7-2 所示。

```
mysql> SHOW CREATE TABLE member_simple;
+---------------+--------------------------------------------------+
| Table         | Create Table                                     |
|               |                                                  |
+---------------+--------------------------------------------------+
| member_simple | CREATE TABLE `member_simple` (
  `membertypeid` int NOT NULL,
  `membername` varchar(20) NOT NULL,
  `sex` char(2) NOT NULL,
  `birthday` date DEFAULT NULL,
  `telephone` varchar(20) NOT NULL,
  `address` varchar(40) DEFAULT NULL,
  KEY `info` (`membername`, `sex`)
) ENGINE=InnoDB DEFAULT CHARSET=utf8mb4 COLLATE=utf8mb4_0900_ai_ci |
```

图 7-2　member_simple 表结构中的索引

从图 7-2 中可以看到,member_simple 表中的 membername、sex 两个字段上已经创建了名称为 info 的联合索引。

需要注意的是，只有查询条件中使用了联合索引中的第一个字段，比如上面案例中的 membername 时，联合索引才会被使用。

7.2.2　在已创建的数据库表中创建索引

在 MySQL 中，可以使用 CREATE INDEX 语句在已创建好的数据库表的一个或几个字段上创建索引，其语法格式如下。

```
CREATE [UNIQUE | FULLTEXT] INDEX 索引名
ON 表名 (列名[(长度)][ASC | DESC], ...)
```

说明：与 7.2.1 小节在创建数据库表时直接创建索引的语法类似，这里不再赘述。

注意：CREATE INDEX 语句并不能创建主键索引。

【**例 7-3**】　在 food 表中，使用菜品名称（foodname）字段的前 8 个字符创建一个降序索引，索引名称为 foodname。具体代码如下。

```
CREATE INDEX foodname ON food(foodname(8) DESC);
```

执行下面的 SHOW CREATE TABLE 语句查看 food 的表结构。

```
SHOW CREATE TABLE food;
```

运行结果如图 7-3 所示。

```
food | CREATE TABLE `food` (
  `foodid` int NOT NULL,
  `foodname` varchar(50) CHARACTER SET utf8mb4 COLLATE utf8mb4_0900_ai_ci NOT NULL COMMENT '菜品名称',
  `foodtypeid` int NOT NULL COMMENT '菜品分类编号',
  `price` decimal(10,2) NOT NULL COMMENT '价格',
  `count` int NOT NULL COMMENT '库存数量',
  `description` varchar(200) CHARACTER SET utf8mb4 COLLATE utf8mb4_0900_ai_ci DEFAULT NULL COMMENT '菜品介绍',
  `hits` int DEFAULT NULL COMMENT '点餐率',
  `coemment` int NOT NULL DEFAULT '-1' COMMENT '备注',
  PRIMARY KEY (`foodid`) USING BTREE,
  KEY `foodname` (`foodname`(8) DESC)
) ENGINE=InnoDB DEFAULT CHARSET=utf8mb4 COLLATE=utf8mb4_0900_ai_ci ROW_FORMAT=DYNAMIC
```

图 7-3　food 表结构中的索引

从图 7-3 中可以看到，food 表中 foodname 字段上已经创建了名称为 foodname 的普通索引。food 表中 foodname 字段长度为 50，而创建的索引的字段长度为 8，这样做的目的是提高查询效率。

【**例 7-4**】　在 member_simple 表中的 address 字段上创建名称为 address 的全文索引。具体代码如下。

```
CREATE FULLTEXT INDEX address ON member_simple(address);
```

执行下面的 SHOW CREATE TABLE 语句查看 member_simple 的表结构。

```
SHOW CREATE TABLE member_simple;
```

运行结果如图 7-4 所示。

```
| member_simple | CREATE TABLE `member_simple` (
  `membertypeid` int NOT NULL,
  `membername` varchar(20) NOT NULL,
  `sex` char(2) NOT NULL,
  `birthday` date DEFAULT NULL,
  `telephone` varchar(20) NOT NULL,
  `address` varchar(40) DEFAULT NULL,
  KEY `info` (`membername`, `sex`),
  FULLTEXT KEY `address` (`address`)
) ENGINE=InnoDB DEFAULT CHARSET=utf8mb4 COLLATE=utf8mb4_0900_ai_ci |
```

图 7-4　food 表结构中的索引

从图 7-4 中可以看到，member_simple 表中 address 字段上已经创建了名称为 address 的联合索引。

7.2.3　修改数据库表结构，添加索引

在 MySQL 中，对于已存在的表，可以通过 ALTER TABLE 语句为数据库表添加索引。其语法格式如下。

```
ALTER TABLE 表名
ADD [UNIQUE | FULLTEXT]INDEX [索引名](列名[(长度)][ASC|DESC], ...)
```

【例 7-5】　在 member 表中的姓名(membername)字段上添加一个唯一索引。具体代码如下。

```
ALTER TABLE member ADD UNIQUE INDEX(membername);
```

查看表中创建索引的情况，可以使用下面的语句。

```
SHOW INDEX FROM member
```

运行结果如图 7-5 所示。

```
mysql> SHOW INDEX FROM member;
```

Table	Non_unique	Key_name	Seq_in_index	Column_name	Collation	Cardinality
member	0	PRIMARY	1	memberid	A	8
member	0	membername	1	membername	A	8

图 7-5　member 表结构中的索引

从图 7-5 中可以看到，member 表中已经在 membername 字段上添加了名称为 membername 的索引。

7.3 删 除 索 引

已经创建但不经常使用的索引不仅占用系统资源，还可能影响数据库表更新操作的效率。所以，当用户不需要使用数据库表中索引时，可以删除该表上的索引。

可以使用 DROP 语句删除数据库表中的索引。其语法格式如下。

```
DROP INDEX 索引名 ON 表名;
```

【例 7-6】 删除 member 表中索引名为 membername 的索引。其具体代码如下。

```
DROP INDEX membername ON member;
```

执行下面的语句，查看表中创建索引的情况。

```
SHOW INDEX FROM member
```

运行结果如图 7-6 所示。

```
mysql> SHOW INDEX FROM member;
```

Table	Non_unique	Key_name	Seq_in_index	Column_name	Collation	Cardinality
member	0	PRIMARY	1	memberid	A	8

图 7-6　member 表结构中的索引

从图 7-6 可以看到，member 表中名称为 membername 的索引已经不存在了。

注意，删除数据库表中的索引并不会影响表中的列及数据。但是，从表中删除某些列，索引可能会受到影响。如果所删除的列为索引的组成部分，则该列也会从索引中删除。如果组成索引的所有列都被删除，那么该索引将被删除。

本 章 小 结

（1）本章介绍了数据库中索引的相关基础知识，以及如何创建索引、删除索引。索引用来加快数据库表的查询速度，MySQL 索引是一种特殊的文件，包含对相关数据库表中所有记录的引用指针，查询时根据索引值直接定位到记录所在的行。MySQL 会自动更新索引，以保证索引总是和表的内容保持一致。MySQL 的主要索引类型有主键索引、普通索引、唯一索引、全文索引，创建索引的方法包括在创建表时创建索引、在已存在的表中创建索引以及修改已存在的表结构添加索引。

（2）索引在加速查询的同时，也有其弊端。首先，索引一般以文件形式存储在磁盘中，通过索引提高查询速度是以"空间换时间"的代价来实现的。如果有大量的索引，索引文件可能会比数据文件更快地达到最大的文件容量限制。其次,在更新表中索引列上的数据时,数据库系统也需要对索引进行更新,索引中的值需要重新排序,这是需要耗费时间的。当需要对数据库表频繁地插入、删除和修改操作时,建立索引反而会降低更新操作的速度。表中建立的索引越多,对数据库表的更新操作花费的时间越长。

本 章 实 训

1. 实训目的

(1) 理解索引的作用及常用的不同类型索引的概念。
(2) 掌握创建和管理索引的相关方法。

2. 实训内容

1) 在 weborder 数据库中完成以下操作

在创建表时创建索引。创建职员工资等级表 waitersalary,字段包括工资等级编号(id)、职员身份(identity)、级别(level)及工资金额(salary)。将工资等级编号(id)设为主键,在职员身份(identity)、级别(level)两个字段上创建联合索引。

2) 在已存在的表中创建索引

(1) 在 room 表的 roomname 字段上创建唯一索引。

(2) 在 waiter 表的 waitername 和 identity 两列上建立联合索引。

(3) 在 waiter 表的 telephone 字段上按降序创建普通索引。

3) 修改已存在的表结构添加索引

在 guestfood 表的 memberid 字段上添加普通索引。

4) 删除索引

删除 waiter 表的 telephone 字段上的索引。

本 章 练 习

1. 选择题

(1) 以下关于索引的说法不正确的是(　　)。

　　A. 索引可以加快表中数据的查询效率

　　B. 在同一张表上可以创建多个索引

　　C. 在数据库表上建立的索引越多越好

　　D. 索引的存储需要占用磁盘空间

(2) 下面关于"CREATE FULLTEXT INDEX address ON member(address)"语句说法不正确的是(　　)。

　　A. 在 member 表的 address 字段上创建索引

    B. 该索引的名称为 address

    C. 创建的索引属于联合索引

    D. 索引类型为全文索引

（3）以下选项中应尽量创建索引的是（　　　）。

    A. 在 where 子句中出现频率较高的列

    B. 具有很多 NULL 值的列

    C. 记录较少的基本表

    D. 需要频繁更新的基本表

（4）在 MySQL 中，下列（　　　）不属于索引。

    A. 唯一索引　　　　　B. 普通索引　　　　　C. 全文索引　　　　　D. 外键索引

（5）下面有关主键的叙述正确的是（　　　）。

    A. 不同的记录可以具有重复的主键值或空值

    B. 一个表中的主键可以是一个或多个字段

    C. 一个表中的主键只能是一个字段

    D. 表中主键的数据类型必须定义为自动编号或文本

（6）下面有关联合索引的叙述不正确的是（　　　）。

    A. 应该把识别度比较高的字段放在前面

    B. 触发联合索引的条件是用户必须使用索引的第一字段

    C. 使用联合索引时遵循最左前缀匹配原则

    D. 使用联合索引一定能提高查询的效率

2. 填空题

（1）创建索引的目的是为了_____。

（2）在 MySQL 中，索引按字段特性分类包括_____、_____、_____和_____索引。

（3）在 MySQL 中，按字段个数分类包括_____和_____。

第8章　数据库编程

学习目标

- 掌握常量、变量、运算符、函数、流程控制语句。
- 理解存储过程的功能与作用。
- 理解存储函数的功能与作用。
- 理解触发器与事件的功能及其触发机制。
- 能编写简单的存储过程并掌握调用存储过程的方法。
- 能编写简单的存储函数并掌握其使用方法。
- 能编写触发器并掌握其使用方法。

SQL 语言既是自含式语言又是嵌入式语言。作为自含式语言，它采用的是联机交互的使用方式，命令执行的方式是每次一条；作为嵌入式语言，SQL 语句能够嵌入高级语言（如C、Java）程序中，也可以将多条 SQL 命令组合在一起形成一个程序一次性执行。程序可以重复使用，这样就可以提高操作效率。还可以通过设定程序的权限来限制用户对程序的定义和使用，从而提高系统安全性。MySQL 中这样的程序称为过程式对象。MySQL 过程式对象有存储过程、存储函数、触发器和事件。本单元将学习如何使用 MySQL 特有的语言元素和标准的 SQL 语言来创建过程式对象，并探讨各种过程式对象及其独特的运行机制。

8.1　编 程 基 础

MySQL 数据库对数据的存储、查询及更新所使用的语言是遵守 SQL 标准的，但为了方便用户编程，也增加了一些自己特有的语言元素。这些语言元素不是 SQL 标准所包含的内容，包括常量、变量、运算符、函数、流程控制语句等。

8.1.1　常量与变量

1. 常量

1）字符串常量
字符串常量是指用单引号或双引号括起来的字符序列，如'hello'、"你好"等。
2）数值常量
数值常量可以分为整数常量和浮点数常量。

整数常量即不带小数点的十进制数，如 2022、＋56665、－214748648 等。

浮点数常量是使用小数点的数值常量，如 3.14、－1.39、101.5E5、0.5E-2 等。

3）日期时间常量

日期时间常量是由用单引号将表示日期时间的字符串括起来构成的。日期型常量包括年、月、日，数据类型为 date，表示形式如"1999-06-17"。时间型常量包括小时数、分钟数、秒数及微秒数，数据类型为 time，表示形式如"12：30：43.00013"。MySQL 还支持日期/时间的组合，数据类型为 datetime 或 timestamp，如"1999-06-17 12：30：43"。

4）布尔值

布尔值只包含 TRUE 和 FALSE 两个可能的值。FALSE 的数字值为"0"，TRUE 的数字值为"1"。

2. 变量

变量用于临时存放数据，变量中的数据随着程序的运行而变化。变量有名字及其数据类型两个属性，变量名用于标志该变量，变量的数据类型确定了该变量存放值的格式及允许的运算。MySQL 中根据变量的定义方式，将变量分为用户变量和系统变量。

1）用户变量

用户可以在表达式中使用自定义的变量，这样的变量叫作用户变量。用户变量在使用前必须定义和初始化。如果使用没有初始化的变量，则它的值为 NULL。

定义和初始化一个用户变量可以使用 SET 语句。其语法格式如下。

```
SET @用户变量 1=表达式 1[,用户变量 2]表达式 2,...1
```

说明如下。

（1）用户变量 1、用户变量 2 为用户变量名，变量名可以由当前字符集的文字、数字字符和"."""_"" $ "组成。

（2）表达式 1、表达式 2 为要给变量赋的值，可以是常量、变量或表达式。

（3）@符号必须放在一个用户变量的前面，以便将它和列名区分开。

【例 8-1】 创建用户变量 name 并对其赋值为"张三"。具体代码如下。

```
SET @name='张三';
```

【例 8-2】 创建用户变量 name 并对其赋值为"李明"，用户变量 age 赋值为 19。具体代码如下。

```
SET @name='李明', @age=19;
```

定义用户变量时变量值可以是一个表达式。

2）系统变量

系统变量是 MySQL 的一些特定的设置。当 MySQL 数据库服务器启动的时候，这些设置被读取来决定下一步骤。例如，有些设置定义了数据如何被存储，有些设置则影响到处理速度，还有些设置与日期有关。和用户变量一样，系统变量也有一个值和数据类型，但不同的是,系统变量在 MySQL 服务器启动时就被引入并初始化为默认值。

例如,使用"SELECT@@VERSION;"可以获得现在使用的 MySQL 版本。

在 MySQL 中,系统变量 VERSION 的值设置为版本号。在变量名前必须加两个@符号才能正确返回该变量的值。使用 SHOW VARIABLES 语句可以得到系统变量清单。

8.1.2　系统内置函数

MySQL 数据库中提供了很丰富的函数。MySQL 函数包括数学函数、字符串函数、日期和时间函数、条件判断函数、系统信息函数、加密函数、格式化函数等。通过这些函数,可以简化用户的操作。例如,字符串连接函数可以很方便地将多个字符串连接在一起。

1. 数学函数

数学函数是 MySQL 中常用的一类函数。主要用于处理数字,包括整型、浮点数等。数学函数包括绝对值函数、正弦函数、余弦函数、获取随机数的函数等。

(1) ABS(X):返回 X 的绝对值。示例代码及运行结果如下。

```
mysql> SELECT ABS(-100);
+-----------+
| ABS(-100) |
+-----------+
|       100 |
+-----------+
1 row in set (0.00 sec)
```

(2) MOD(N,M)或%:返回 N 被 M 除的余数。

```
mysql> SELECT MOD(10,3);
+-----------+
| MOD(10,3) |
+-----------+
|         1 |
+-----------+
1 row in set (0.00 sec)
mysql> SELECT 10%3;
+------+
| 10%3 |
+------+
|    1 |
+------+
1 row in set (0.00 sec)
```

(3) FLOOR(X):返回不大于 X 的最大整数值。示例代码及运行结果如下。

```
mysql> SELECT FLOOR(1.23),FLOOR(-1.23);
+-------------+--------------+
| FLOOR(1.23) | FLOOR(-1.23) |
+-------------+--------------+
|           1 |           -2 |
+-------------+--------------+
1 row in set (0.01 sec)
```

（4）CEILING(X)：返回不小于 X 的最小整数值。示例代码及运行结果如下。

```
mysql> SELECT CEILING(1.23),CEILING(-1.23);
+---------------+----------------+
| CEILING(1.23) | CEILING(-1.23) |
+---------------+----------------+
|             2 |             -1 |
+---------------+----------------+
1 row in set (0.01 sec)
```

（5）ROUND(X) 返回参数 X 的四舍五入的一个整数。示例代码及运行结果如下。

```
mysql> SELECT ROUND(1.23),ROUND(-1.23);
+-------------+--------------+
| ROUND(1.23) | ROUND(-1.23) |
+-------------+--------------+
|           1 |           -1 |
+-------------+--------------+
1 row in set (0.00 sec)
```

2. 字符串函数

（1）ASCII(str)：返回字符串 str 的最左面字符的 ASCII 代码值。如果 str 是空字符串，返回 0。如果 str 是 NULL，返回 NULL。示例代码及运行结果如下。

```
mysql> SELECT ASCII('2'),ASCII(2),ASCII('dx'),ASCII(''),ASCII(NULL),ASCII('NULL');
+------------+----------+-------------+-----------+-------------+---------------+
| ASCII('2') | ASCII(2) | ASCII('dx') | ASCII('') | ASCII(NULL) | ASCII('NULL') |
+------------+----------+-------------+-----------+-------------+---------------+
|         50 |       50 |         100 |         0 |        NULL |            78 |
+------------+----------+-------------+-----------+-------------+---------------+
1 row in set (0.00 sec)
```

（2）CONCAT(str1,str2,...)：返回来自于参数联结的字符串。如果任何参数是 NULL，返回 NULL。可以有超过 2 个的参数。一个数字参数被变换为等价的字符串形式。示例代码及运行结果如下。

```
mysql> SELECT CONCAT('a','b',0),CONCAT(1,2),CONCAT(0.23),CONCAT('a','b','null');
+-------------------+-------------+--------------+------------------------+
| CONCAT('a','b',0) | CONCAT(1,2) | CONCAT(0.23) | CONCAT('a','b','null') |
+-------------------+-------------+--------------+------------------------+
| ab0               | 12          | 0.23         | abnull                 |
+-------------------+-------------+--------------+------------------------+
1 row in set (0.00 sec)
```

（3）LENGTH(str)：返回字符串 str 的长度。示例代码及运行结果如下。

```
mysql> SELECT LENGTH(0),LENGTH('ABC'),LENGTH(NULL),LENGTH(0.001),LENGTH('NULL');
+-----------+---------------+--------------+---------------+----------------+
| LENGTH(0) | LENGTH('ABC') | LENGTH(NULL) | LENGTH(0.001) | LENGTH('NULL') |
+-----------+---------------+--------------+---------------+----------------+
|         1 |             3 |         NULL |             5 |              4 |
+-----------+---------------+--------------+---------------+----------------+
1 row in set (0.00 sec)
```

（4）INSTR(str,substr)：返回子串 substr 在字符串 str 中的第一个出现的位置。示例代码及运行结果如下。

```
mysql> SELECT INSTR('abc123acc','acc');
+--------------------------+
| INSTR('abc123acc','acc') |
+--------------------------+
|                        7 |
+--------------------------+
1 row in set (0.01 sec)
```

（5）LEFT(str,len)：返回字符串 str 的最左面 len 个字符。示例代码及运行结果如下。

```
mysql> SELECT LEFT('abcdefg',3);
+-------------------+
| LEFT('abcdefg',3) |
+-------------------+
| abc               |
+-------------------+
1 row in set (0.00 sec)
```

（6）RIGHT(str,len)：返回字符串 str 的最右面 len 个字符。示例代码及运行结果如下。

```
mysql> SELECT RIGHT('abcdefg',3);
+--------------------+
| RIGHT('abcdefg',3) |
+--------------------+
| efg                |
+--------------------+
1 row in set (0.00 sec)
```

（7）SUBSTR(str,pos)：从字符串 str 的起始位置 pos 返回一个子串。示例代码及运行结果如下。

```
mysql> SELECT SUBSTR('abcdefg',3,2);
+-----------------------+
| SUBSTR('abcdefg',3,2) |
+-----------------------+
| cd                    |
+-----------------------+
1 row in set (0.00 sec)
```

（8）LTRIM(str)：返回删除了其前置空格字符的字符串 str。示例代码及运行结果如下。

```
mysql> SELECT CONCAT(LTRIM('    123'),'aa');
+------------------------------+
| CONCAT(LTRIM('    123'),'aa') |
+------------------------------+
| 123aa                        |
+------------------------------+
1 row in set (0.00 sec)
```

（9）RTRIM(str)：返回删除了其拖后空格字符的字符串 str。示例代码及运行结果如下。

```
mysql> SELECT CONCAT(RTRIM('    123    '),'aa');
+----------------------------------+
| CONCAT(RTRIM('    123    '),'aa') |
+----------------------------------+
|     123aa                        |
+----------------------------------+
1 row in set (0.00 sec)
```

（10）TRIM(str)：返回字符串 str，所有前缀或后缀被删除了。示例代码及运行结果如下。

```
mysql> SELECT CONCAT(TRIM('   123   '),'aa') AS A;
| A      |
| 123aa  |
1 row in set (0.00 sec)
```

（11）REPLACE(str,from_str,to_str)：返回字符串 str，其字符串 from_str 的所有出现由字符串 to_str 代替。示例代码及运行结果如下。

```
mysql> SELECT REPLACE('ABC123','12','45');
| REPLACE('ABC123','12','45') |
| ABC453                      |
1 row in set (0.00 sec)
```

（12）INSERT(str,pos,len,newstr)：返回字符串 str，在位置 pos 起始的子串且 len 个字符长的子串由字符串 newstr 代替。示例代码及运行结果如下。

```
mysql> SELECT INSERT('abcdefg',2,3,'11');
| INSERT('abcdefg',2,3,'11') |
| allefg                     |
1 row in set (0.00 sec)
```

3. 日期和时间函数

（1）NOW()：获得当前的日期和时间，它以 YYYY-MM-DD HH:MM:SS 的格式返回当前的日期和时间。示例代码及运行结果如下。

```
mysql> SELECT NOW();
| NOW()               |
| 2022-05-01 13:40:16 |
1 row in set (0.00 sec)
```

（2）YEAR(dstr)：分析日期值 dstr，并返回其中关于年的部分。示例代码及运行结果如下。

```
mysql> SELECT YEAR(20220412142800),YEAR('2022-03-18');
| YEAR(20220412142800) | YEAR('2022-03-18') |
|                 2022 |               2022 |
1 row in set (0.01 sec)
```

（3）MONTH(n)和 MONTHNAME(dstr)：分别以数值和字符串的形式返回月的部

分。示例代码及运行结果如下。

```
mysql> SELECT MONTH(20200412142800),MONTHNAME('2022-04-30');
+-----------------------+-------------------------+
| MONTH(20200412142800) | MONTHNAME('2022-04-30') |
+-----------------------+-------------------------+
|                     4 | April                   |
+-----------------------+-------------------------+
1 row in set (0.01 sec)
```

(4) DAYNAME(dstr)：以字符串的形式返回星期名。示例代码及运行结果如下。

```
mysql> SELECT DAYNAME('2022-04-28');
+-----------------------+
| DAYNAME('2022-04-28') |
+-----------------------+
| Thursday              |
+-----------------------+
1 row in set (0.00 sec)
```

4. 条件判断函数

MySQL 有几个函数是用来进行条件操作的。这些函数可以实现 SQL 的条件逻辑,允许开发者将一些应用程序业务逻辑转换到数据库后台。

IF(exprl,expr2,expr3)函数有 3 个参数,第一个参数是要被判断的表达式,如果表达式为真,返回第二个参数;如果为假,返回第三个参数。例如:

```
SELECT IF(2 * 4>9-5,'是','否');
```

先判断"2 * 4"是否大于"9-5",是则返回"是",否则返回"否"。示例代码及运行结果如下。

```
mysql> SELECT IF(9>5,'是','否');
+------------------+
| IF(9>5,'是','否') |
+------------------+
| 是               |
+------------------+
1 row in set (0.00 sec)
```

8.1.3　流程控制语句

流程控制语句是用来控制程序执行流程的语句。使用流程控制语句可以控制提高编程语言的处理能力。在 MySQL 中,常见的流程控制语句有 IF 语句、CASE 语句、循环语句和 LEAVE 语句等。

注意:流程控制语句只能放在存储过程体、存储函数体或触发器动作中来控制程序的执行流程,不能单独执行。

1. IF 语句

IF 语句用于控制程序根据不同的条件执行不同的操作。其语法格式如下。

```
IF 条件 1  THEN 语句序列 1
    ［ELSEIF 条件 2 THEN 语句序列 2］...
    ［ELSE 语句序列 e］
END IF
```

说明如下。

（1）条件是判断的条件。当条件为真时，就执行相应的 SQL 语句。

（2）语句序列中包含一个或多个 SQL 语句。

（3）IF 语句不同于系统的内置 IF 函数，IF 函数只能判断两种情况，注意不要混淆。

2. CASE 语句

CASE 语句可以进行多个分支的选择，其语法格式如下。

```
CASE 表达式
    WHEN 值 1 THEN 语句序列 1
  ［WHEN 值 2 THEN 语句序列 2］...
  ［ELSE 语句序列 e］
END CASE
```

表达式是要被判断的值或表达式，每个 WHEN-THEN 块值参数都要与表达式的值比较，如果为真，就执行语句序列中的 SQL 语句。如果前面的每一个块都不匹配，就会执行 ELSE 块指定的语句。CASE 语句最后以 ENDCASE 结束。

3. 循环语句

MySQL 支持 3 条用来创建循环的语句，分别为 WHILE、REPEAT 和 LOOP 语句。在存储过程中可以定义 0 个、1 个或多个循环语句。

1）WHILE 语句

WHILE 语句的语法格式如下。

```
WHILE 条件 DO
程序段
END WHILE
```

首先判断条件是否为真，为真则执行程序段中的语句；然后进行判断，为真则继续循环，不为真则结束循环。

2）REPEAT 语句

REPEAT 语句的语法格式如下。

```
REPEAT
      程序段
UNTIL 条件
END REPEAT
```

REPEAT 语句首先执行程序段中的语句,然后判断条件是否为真,不为真则停止循环,为真则继续循环。

3）LOOP 语句

LOOP 语句的语法格式如下。

```
［语句标号：］LOOP
        程序段
END LOOP
［语句标号］
```

LOOP 语句允许某特定语句或语句群的重复执行,实现一个简单的循环构造,程序段是需要重复执行的语句。在循环内的语句一直重复至循环被退出。

4. LEAVE 语句

LEAVE 语句经常和 BEGIN-END 或循环一起使用。其语法格式如下。

```
LEAVE 语句标号
```

语句标号是语句中标注的名字,这个名字是自定义的,加上 LEAVE 关键字就可以用来退出被标注的循环语句。

8.2   存 储 过 程

在数据库系统中,随着功能不断丰富,系统变得越来越复杂,数据库开发人员会花费大量的时间和精力在 SQL 代码和应用程序的编写上。在多数情况下,许多代码会被重复使用多次,且每次都会输入相同的代码,这样既烦琐又会降低系统的运行效率。因此,需要提供一种方法,它可以将一些固定的操作集合起来,由数据库服务器来完成,实现某个特定任务,这就是存储过程。

8.2.1   存储过程的基本概念

存储过程是一组为了完成某项特定功能的 SQL 语句集,其实质上就是一段存储在数据库中的代码,它可以由声明式的 SQL 语句(如 CREATE、UPDATE 和 SELECT 等语句)和过程式 SQL 语句(如 IF...THEN...ELSE 控制结构语句)组成。这组语句集经过编译后会存储在数据库中,用户只需通过指定存储过程的名字并给定参数(如果该存储过程带有参数),即可随时调用并执行它,而不必重新编译,因此这种通过定义一段程序存储数据库中的方式,可加大数据库操作语句的执行效率。

一个存储过程是一个可编程的函数,同时可看作在数据库编程中对面向对象方法的模拟,它允许控制数据的访问方式。因而,当希望在不同的应用程序或平台上执行相同的特定功能时,存储过程尤为适合。使用存储过程通常具有以下一些好处。

（1）可增强 SQL 语言的功能和灵活性。存储过程可以用流控制语句编写,有很强的灵活性,可以完成复杂的判断和较复杂的运算。

（2）良好的封装性。存储过程被创建后,可以在程序中被多次调用,而不必重新编写该存储过程的 SQL 语句,并且数据库专业人员可以随时对存储过程进行修改,而不会影响到调用它的应用程序源代码。

（3）高性能。存储过程执行一次后,其执行规划就驻留在高速缓冲存储器中,在以后的操作中,只需从高速缓冲存储器中调用已编译好的二进制代码执行即可,从而提高了系统性能。

（4）可减少网络流量。由于存储过程是在服务器端运行,且执行速度快,那么当在客户计算机上调用该存储过程时,网络中传送的只是该调用语句,从而可降低网络负载。

（5）存储过程可作为一种安全机制来确保数据库的安全性和数据的完整性。使用存储过程可以完成所有数据库操作,并可通过编程方式控制这些数据库操作对数据库信息访问的权限。

8.2.2　创建存储过程

1. DELIMITER 命令

在 MySQL 中,服务器处理 SQL 语句默认是以分号作为语句结束标志,然而在创建存储过程时,存储过程体中可能包含有多条 SQL 语句,这些 SQL 语句如果仍以分号作为语句结束符,那么 MySQL 服务器在处理时会以遇到的第一条 SQL 语句结尾处的分号作为整个程序的结束符,而不再去处理存储过程体中后面的 SQL 语句,这样显然不行。为解决这个问题,通常可使用 DELIMITER 命令,将 MySQL 语句的结束标志临时修改为其他符号,从而使得 MySQL 服务器可以完整地处理存储过程体中所有的 SQL 语句,而后可通过 DELIMITER 命令再将 MySQL 语句的结束标志改回为 MySQL 的默认结束标志,即分号（;）。

DELIMITER 命令的使用语法格式如下。

```
DELIMITER $$
```

说明：$$是用户定义的结束符,通常这个符号可以是一些特殊的符号,例如两个"#",或两个"$"等;另外,当使用 DELIMITER 命令时,应该避免使用反斜杠("\")字符,因为它是 MySQL 的转义字符。

【例 8-3】　将 MySQL 结束符修改为两个感叹号"!!"。具体代码如下。

```
mysql> DELIMITER !!
```

成功执行这条 SQL 语句后,任何命令、语句或程序的结束标志就换为两个感叹号"!!"。若希望换回默认的分号";"作为结束标志,只需再在 MySQL 命令行客户端输入如下 SQL 语句。

```
mysql>DELIMITER;
```

2. 创建存储过程的语法

创建存储过程可以使用 CREATE PROCEDURE 语句。要在 MySQL 中创建存储过程,必须具有 CREATE ROUTINE 权限。

创建存储过程的语法格式如下。

```
CREATE PROCEDURE 存储过程名([参数[,...]])
    存储过程体
```

说明如下。

(1) 存储过程名:存储过程的名称默认在当前数据库中创建。

(2) 参数:存储过程的参数。其语法格式如下。

```
[IN |OUT | INOUT ]参数名 类型
```

当有多个参数的时候,中间用逗号隔开。存储过程可以有 0 个、1 个或多个参数。MySQL 存储过程支持 3 种类型的参数,包括输入参数、输出参数和输入/输出参数,关键字分别是 IN、OUT 和 INOUT。输入参数使数据可以传递给一个存储过程。当需要返回一个答案或结果的时候,存储过程使用输出参数,输入/输出参数既可以充当输入参数,也可以充当输出参数,存储过程也可以不加参数,但是名称后面的括号是不可省略的。

参数的名字不要等于列的名字,否则虽然不会返回出错消息,但是存储过程中的 SQL 语句会将参数名看作列名,从而可能产生不可预知的结果。

(3) 存储过程体:这是存储过程的主体部分,其包含了在过程调用的时候必须执行的语句,这个部分总是以 BEGIN 开始,以 END 结束。

【例 8-4】　在数据库 weborder 中创建一个存储过程,用于实现给定表 member 中一个会员的会员编号 memberid 即可修改表 member 中该会员的性别为一个指定的性别。其具体代码如下。

```
DELIMITER $$
CREATE PROCEDURE update_sex(IN cid INT, IN csex CHAR(1))
BEGIN
    UPDATE member SET sex=csex WHERE memberid=cid;
END $$
DELIMITER;
```

3. 存储过程体

在存储过程体中可以使用各种 SQL 语句与过程式语句的组合,来封装数据库应用中复杂的业务逻辑和处理规则,以实现数据库应用的灵活编程。

1）局部变量

在存储过程中可以声明局部变量，它们可以用来存储临时结果。要声明局部变量，必须使用 DECLARE 语句。在声明局部变量的同时，也可以对其赋一个初始值。其语法格式如下。

```
DECLARE 变量[, ...]类型[DEFAULT 值]
```

DEFAULT 子句给变量指定一个默认值，如果不指定，默认为 NULL。

【例 8-5】 声明一个整型变量和两个字符变量。具体代码如下。

```
DECLARE num int(4);
DECLARE str1,str2 varchar(6);
```

局部变量只能在 BEGIN-END 语句块中声明。局部变量必须在存储过程的开头就声明，声明之后，可以在声明它的 BEGIN-END 语句块中使用，其他语句块中不可以使用。

局部变量不同于用户变量，两者间的区别是：局部变量在声明时，在其前面没有使用@符号，并且它只能被声明它的 BEGIN...END 语句块中的语句所使用；而用户变量在声明时，会在其名称前面使用@符号，同时已声明的用户变量存在于整个会话之中。

2）SET 语句

在 MySQL 中，可以使用 SET 语句为局部变量赋值，其使用的语法格式如下。

```
SET 变量名=表达式
```

【例 8-6】 为例 8-3 中声明的局部变量 num 赋予一个整数值 100。具体代码如下。

```
SET cid=100;
```

3）SELECT-INTO 语句

使用 SELECT-INTO 语句可以把选定的列值直接存储到变量中，但返回的结果只有一行。其语法格式如下。

```
SELECT 列名[, ...] INTO 变量名[, ...]数据来源表达式
```

说明如下。

（1）列名[,...] INTO 变量名：将选定的列值赋给变量名。

（2）数据来源表达式：SELECT 语句中的 FROM 子句及后面的部分，这里不再赘述。

【例 8-7】 在存储过程体中将 food 表中菜品编号为 3 的菜名名称和价格存储到变量 name 和 pprice 中。具体代码如下。

```
SELECT foodname,price INTO name,pprice
FROM food WHERE foodid=3;
```

4）流程控制语句

在 MySQL 中，可以在存储过程体中，使用条件判断语句和循环语句这样两类用于控语

句流程的过程式 SQL 语句。常用的条件判断语句有 IF…THEN…ELSE 语句和 CASE 语句。常用的循环语句有 WHILE、REPEAT 和 LOOP 语句。

5）游标

在 MySQL 中，一条 SELECT…INTO 语句成功执行后，会返回带有值的一行数据，这行数据可以被读取到存储过程中进行处理。然而，在使用 SELECT 语句进行数据检索时，若该语句成功被执行，则会返回一组称为结果集的数据行，该结果集中可能拥有多行数据，这些数据无法直接被一行一行地进行处理，此时就需要使用游标。

游标是一个被 SELECT 语句检索出来的结果集。在存储了游标后，应用程序或用户就可以根据需要滚动或浏览其中的数据。说明如下。

（1）声明游标。在使用游标之前，必须先声明它。这个过程实际上没有检索数据，只是定义要使用的 SELECT 语句。在 MySQL 中，创建游标的语法格式如下。

```
DECLARE cursor_name CURSOR FOR select_statement
```

说明：语法项 cursor_name 用于指定要创建的游标的名称，其命名规则与表名相同；语法项 select_statement 用于指定一个 SELECT 语句，其会返回一行或多行的数据，且需注意此处的 SELECT 语句不能有 INTO 子句。

（2）打开游标。在定义游标之后，必须打开该游标，才能使用。这个过程实际上是将游标连接到由 SELECT 语句返回的结果集中。在 MySQL 中，打开游标的语法格式如下。

```
OPEN cursor_name
```

说明：语法项 cursor_name 用于指定要打开的游标。

在实际应用中，一个游标可以被多次打开，由于其他用户或应用程序可能随时更新了数据表，因此每次打开游标的结果集可能会不同。

（3）读取数据。对于填有数据的游标，可根据需要取出数据，使用的语法格式如下。

```
FETCH cursor_name INTO var_name[,var_name]
```

说明：语法项 cursor_name 用于指定已打开的游标；语法项 var_name 用于指定存放数据的变量名。

FETCH…INTO 语句与 SELECT…INTO 语句具有相同的意义，FETCH 语句是将游标指向的一行数据赋给一些变量，这些变量的数目必须等于声明游标时 SELECT 子句中选择列的数目，游标相当于一个指针，它指向当前的一行数据。

（4）关闭游标。在结束游标使用时，必须关闭游标。在 MySQL 中，可以使用 CLOSE 语句关闭游标，其使用的语法格式如下。

```
CLOSEcursor_name;
```

说明：语法项 cursor_name 用于要关闭的游标。

每个游标不再需要时都应该被关闭，使用 CLOSE 语句将会释放游标所使用的全部资源。在一个游标被关闭后，如果没有重新被打开，则不能被使用。对于声明过的游标，则不需要再次声明，可直接使用 OPEN 语句打开。另外，如果没有明确关闭游标，MySQL 将会在到达 END 语句时自动关闭它。

【例 8-8】　在数据库 weborder 中创建一个存储过程，用于计算表 food 中数据行的行数。具体代码如下。

```
DELIMITER $$
CREATE PROCEDURE sp_sumofrow10(OUT n INT)
BEGIN
    DECLARE cid INT;
    DECLARE FOUND BOOLEAN DEFAULT TRUE;
    DECLARE cur_fid CURSOR FOR
        SELECT foodid FROM food;
    DECLARE CONTINUE HANDLER FOR NOT FOUND
        SET FOUND=FALSE;
    SET n=0;
    OPEN cur_fid;
    FETCH cur_fid INTO cid;
    WHILE FOUND DO
        SET n=n+1;
        FETCH cur_fid INTO cid;
END WHILE;
CLOSE cur_fid;
END $$
DELIMITER;
```

然后，在 MySQL 命令行客户端输入如下 SQL 语句对存储过程 sp_sumofrow 进行调用。

```
Mysql> CALL sp_sumofrow10(@n):
```

最后，在 MySQL 命令行查看调用存储过程 sp_sumofrow 后的结果。

```
mysql> SELECT @n;
```

执行结果如图 8-1 所示。

```
mysql> call sp_sumofrow10(@n);
Query OK, 0 rows affected (0.01 sec)

mysql> select @n;
+------+
| @n   |
+------+
|   19 |
+------+
1 row in set (0.01 sec)
```

图 8-1　执行存储过程

在该例中,定义了一个 CONTINUE HANDLER 句柄,它是在条件出现时被执行的代码,用于控制循环语句,以实现游标的下移;DECLARE 语句的使用存在特定的次序,即用 DECLARE 语句定义的局部变量必须在定义任意游标或句柄之前定义,而句柄必须在游标之后定义,否则系统会出现错误消息。

此外,在使用游标的过程中,需要注意以下几点。

(1) 游标只能用于存储过程或存储函数中,不能单独在查询操作中使用。

(2) 过程或存储函数中可以定义多个游标,但是在一个 BEGIN…END 语句块中每一个游标的名字必须是唯一的。

(3) 游标不是一条 SELECT 语句,是被 SELECT 语句检索出来的结果集。

8.2.3　显示存储过程

要想查看数据库有哪些存储过程,可以使用 SHOW PROCEDURE STATUS 语句。

```
SHOW PROCEDURE STATUS;
```

要查看某个存储过程的具体信息,可使用 SHOW CREATE PROCEDURE 存储过程名语句。

```
SHOW CREATE PROCEDURE 存储过程名;
```

例如,要查看例 8-2 创建的存储过程 update_sex 的语句如下。

```
SHOW CREATE PROCEDUREupdate_sex;
```

8.2.4　调用存储过程

存储过程创建完成后,可以在程序、触发器或存储过程中被调用,调用时都必须使用 CALL。其语法格式如下。

```
CALL 存储过程名([参数[,…]])
```

说明如下。

(1) 存储过程名:存储过程的名称,如果要调用某个特定数据库的存储过程,则需要在前面加上该数据库的名称。

(2) 参数:调用该存储过程使用的参数,这条语句中的参数个数必须总是等于存储过程的参数个数。

【例 8-9】　调用 8-2 创建的存储过程 update_sex,修改会员编号为 4 的会员的性别为"女"。具体代码如下。

```
CALL update_sex(4,"女");
```

执行结果如图 8-2 所示。

```
mysql> SELECT * FROM MEMBER;
+----------+--------------+------------+-----+------------+-------------+------------------------------+
| memberid | membertypeid | membername | sex | birthday   | telephone   | address                      |
+----------+--------------+------------+-----+------------+-------------+------------------------------+
|        1 |            1 | 张明瑞     | 男  | 2000-01-23 | 13545348955 | 北京市丰台区玉泉营街56号      |
|        2 |            2 | 王艳       | 女  | 1999-12-03 | 13756789009 | 济南市历下区高新区莱茵格调街区 |
|        3 |            1 | 张凯       | 男  | 2001-03-12 | 13023433999 | 济南市市中区经十路2065号      |
|        4 |            2 | 李晓成     | 男  | 1999-10-10 | 15634556684 | 济南市历下区经十路11101号     |
|        5 |            2 | 李丰年     | 男  | 2002-01-23 | 17834210012 | 天津市河北区望海楼街          |
|        6 |            3 | 赵宏娟     | 女  | 1980-03-03 | 18044985544 | 天津市河北区串场街            |
|        7 |            3 | 梁小红     | 女  | 2001-05-04 | 13022348867 | 赣州市章贡区水南镇            |
+----------+--------------+------------+-----+------------+-------------+------------------------------+
7 rows in set (0.00 sec)

mysql> CALL UPDATE_SEX(4,"女");
Query OK, 1 row affected (0.02 sec)

mysql> SELECT * FROM MEMBER;
+----------+--------------+------------+-----+------------+-------------+------------------------------+
| memberid | membertypeid | membername | sex | birthday   | telephone   | address                      |
+----------+--------------+------------+-----+------------+-------------+------------------------------+
|        1 |            1 | 张明瑞     | 男  | 2000-01-23 | 13545348955 | 北京市丰台区玉泉营街56号      |
|        2 |            2 | 王艳       | 女  | 1999-12-03 | 13756789009 | 济南市历下区高新区莱茵格调街区 |
|        3 |            1 | 张凯       | 男  | 2001-03-12 | 13023433999 | 济南市市中区经十路2065号      |
|        4 |            2 | 李晓成     | 女  | 1999-10-10 | 15634556684 | 济南市历下区经十路11101号     |
|        5 |            2 | 李丰年     | 男  | 2002-01-23 | 17834210012 | 天津市河北区望海楼街          |
|        6 |            3 | 赵宏娟     | 女  | 1980-03-03 | 18044985544 | 天津市河北区串场街            |
|        7 |            3 | 梁小红     | 女  | 2001-05-04 | 13022348867 | 赣州市章贡区水南镇            |
+----------+--------------+------------+-----+------------+-------------+------------------------------+
7 rows in set (0.00 sec)
```

图 8-2　执行存储过程 update_sex

【例 8-10】　创建一个存储过程，输入月份数字 1～12，返回月份所在的季度。具体代码如下。

```
DELIMITER  $$
CREATE PROCEDURE q_quarter
(IN mon int, OUT q_name varchar(8))
BEGIN
    CASE
        WHEN mon in (1,2,3) THEN SET q_name='一季度';
        WHEN mon in (4,5,6) THEN SET q_name='二季度';
        WHEN mon in (7,8,9) THEN SET q_name='三季度';
        WHEN mon in (10,11,12) THEN SET q_name='四季度';
    ELSE SET q_name='输入错误';
    END CASE;
END $$
DELIMITER;
```

调用该存储过程：

```
CALL q_quarter(6,@R);
```

该存储过程的结果保存在输出参数 R 中，参数只有定义为用户变量@R，才能在存储过程执行完成后也能查询到结果；如果定义为局部变量 R，存储函数执行完成后，结果将查询不到。要查看输出结果，可使用如下语句。

```
SELECT @R;
```

8.2.5 删除存储过程

存储过程创建后,需要删除时使用 DROP PROCEDURE 语句。在此之前,必须确认该存储过程没有任何依赖关系,否则可能会导致其他与之关联的存储过程无法运行。其语法格式如下。

```
DROP PROCEDURE [IF EXISTS] 存储过程名
```

说明如下。

(1) IF EXISTS 子句:是 MySQL 的扩展,如果程序或函数不存在,则该子句可以防止发生错误。

(2) 存储过程名:要删除的存储过程的名称。

8.3 存 储 函 数

存储函数与存储过程一样,都是由 SQL 语句和过程式语句所组成的代码片断,并且可以被应用程序和其他 SQL 语句调用。然而,它们之间存在如下几点区别。

(1) 存储函数不能拥有输出参数,这是因为存储函数自身就是输出参数;而存储过程可以拥有输出参数。

(2) 可以直接对存储函数进行调用,且不需要使用 CALL 语句;而对存储过程的调用,需要使用 CALL 语句。

(3) 存储函数中必须包含一条 RETURN 语句,而这条特殊的 SQL 语句不允许包含于存储过程中。

8.3.1 创建存储函数

在 MySQL 中,可以使用 CREATE FUNCTION 语句创建存储函数,其常用的语法格式如下。

```
CREATE FUNCTION 存储函数名([参数[,...]])
    RETURNS 类型
函数体
```

说明如下。

(1) 存储函数名:存储函数的名称。存储函数不能拥有与存储过程相同的名字。

(2) 参数:存储函数的参数,参数只有名称和类型,不能指定 IN、OUT 和 INOUT。

(3) RETURNS 类型:声明函数返回值的数据类型。

(4) 函数体:存储函数的主体,也叫存储函数体,所有在存储过程中使用的 SQL 语句在

存储函数中也适用，包括流程控制语句、游标等。但是存储函数体中必须包含一个
RETURN 值语句，值为存储函数的返回值。这是存储过程体中没有的。

【例 8-11】 创建一个存储函数，它返回会员表 member 中的会员数目作为结果。具体
代码如下。

```
DELIMITER $$
CREATE FUNCTION num_member()
RETURNS INTEGER
DETERMINISTIC
BEGIN
    RETURN (SELECT COUNT(*) FROM member);
END$$
DELIMITER;
```

8.3.2 调用存储函数

成功创建存储函数后，就可以如同调用系统内置函数一样，使用关键字 SELECT 对其
进行调用，其语法格式如下。

```
SELECT 存储函数名([参数[, ...]])
```

【例 8-12】 调用数据库 weborder 中的存储函数 num_member。在 MySQL 命令行客
户端输入如下 SQL 语句即可实现。

```
mysql>SELECT num_member();
```

8.3.3 删除存储函数

存储函数在被创建后，会被保存在服务器上以供使用，直至被删除。删除存储函数的方
法与删除存储过程的方法基本一样。在 MySQL 中，可以使用 DROP FUNCTION 语句来
实现，其语法格式如下。

```
DROP FUNCTION [IF EXISTS] 存储函数名
```

说明如下。

（1）IF EXISTS 子句：MySQL 的扩展，如果函数不存在，则该子句可以防止发生错误。

（2）存储函数名：要删除的存储函数的名称。

【例 8-13】 删除数据库 weborder 中的存储函数 num_member。具体代码如下。

```
mysql>DROP FUNCTION IF EXISTS num_member;
```

8.4 触 发 器

触发器(trigger)是用户定义在关系表上的一类由事件驱动的数据库对象,也是一种保证数据完整性的方法。触发器一旦定义,则无须用户调用,任何对表的修改操作均由数据库服务器自动激活相应的触发器。例如,每当会员订购一个菜品时,都从菜品库存数量中减去可订购的数量;每当删除会员基本信息表中一个会员的全部基本信息数据时,该会员所订购的未完成订单信息也应该被自动删除。

触发器与表的关系十分密切,其主要作用是实现主键和外键不能保证的复杂的参照完整性和数据的一致性,从而有效地保护表中的数据。

8.4.1 创建触发器

使用 CREATE TRIGGER 语句创建触发器。其语法格式如下。

```
CREATE TRIGGER 触发器名 触发时间 触发事件
ON 表名 FOR EACH ROW 触发器动作
```

说明如下。

(1) 触发器名:触发器的名称,触发器在当前数据库中必须具有唯一的名称。如果要在某个特定数据库中创建,则名称前面应该加上数据库的名称。

(2) 触发时间:触发器触发的时刻,有 AFTER 和 BEFORE 两个选项,表示触发器是在激活它的语句之前或之后触发。如果想要在激活触发器的语句执行之后执行几个或更多的改变,通常使用 AFTER 选项;如果想要验证新数据是否满足使用的限制,则使用 BEFORE 选项。

(3) 触发事件:指明了激活触发程序的语句的类型。触发事件可以是下述值之一。

- INSERT:将新行插入表时激活触发器。例如,使用 INSERT、LOAD DATA 和 REPLACE 语句。
- UPDATE:更改数据时激活触发器。例如,使用 UPDATE 语句。
- DELETE:从表中删除某一行时激活触发器。例如,使用 DELETE 和 REPLACE 语句。

(4) 表名:与触发器相关的表名,在该表上发生触发事件才会激活触发器。同一个表不能拥有两个具有相同触发时刻和事件的触发器。例如,对于某一表,不能有两个 BEFORE UPDATE 触发器,但可以有 1 个 BEFORE UPDATE 触发器和 1 个 BEFORE INSERT 触发器,或 1 个 BEFORE UPDATE 触发器和 1 个 AFTER UPDATE 触发器。

(5) FOR EACH ROW:这个声明用来指定对于受触发事件影响的每一行,都要激活触发器的动作。例如,使用一条语句向一个表中添加一组行,触发器会对每一行执行相应的触发器动作。

（6）触发器动作：包含触发器激活时将要执行的语句。如果要执行多个语句，则可使用 BEGIN-END 复合语句结构。这样，就能使用存储过程中允许的相同语句。

触发器不能返回任何结果到客户端，也不能调用将数据返回客户端的存储过程。为了阻止从触发器返回结果，不要在触发器定义中包含 SELECT 语句。

【例 8-14】 在 member 表上创建一个触发器，每次插入操作时，都将用户变量 str 的值设为"一个用户已添加"。具体代码如下。

```
CREATE TRIGGER member_insert AFTER INSERT
    ON member FOR EACH ROW
    SET @str='一个用户已添加';
```

向 member 中插入一行数据。

```
INSERT INTO member
VALUES ( 14,1,"杨小宝","男","2001-09-01","13012220980","济南市明湖路48号");
```

查看 str 的值。

```
mysql> SELECT @str;
+-----------+
| @str      |
+-----------+
| 一个用户已添加'; |
|           |
+-----------+
1 row in set (0.00 sec)
```

MySQL 触发器中的 SQL 语句可以关联表中的任意列。但不能直接使用列的名称去标志，那会使系统混淆，因为激活触发器的语句可能已经修改、删除或添加了新的列名，而列的旧名同时存在，因此必须用"NEW.列名"或"OLD.列名"这样的语法来标志。"NEW.列名"用来引用新行的一列，"OLD.列名"用来引用更新或删除它之前的已有行的一列。

对于 INSERT 语句，只有 NEW 是合法的；对于 DELETE 语句，只有 OLD 才合法；而 UPDATE 语句可以与 NEW 或 OLD 同时使用。

【例 8-15】 创建一个触发器，当删除订单表 orders 中的一个订单编号 orderid 时，同时将订单明细表 lineitem 中与该订单编号有关的数据全部删除。具体代码如下。

```
DELIMITER $$
CREATE TRIGGER orders_del AFTER DELETE
    ON orders FOR EACH ROW
BEGIN
    DELETE FROM lineitem WHERE orderid=OLD.orderid;
END$$
DELIMITER;
```

因为是删除 orders 表的记录后才执行触发器程序去删除 lineitem 表中的记录，此时 orders 表中的该记录已经删除，所以只能用"OLD.orderid"来表示这个已经删除的记录的订单编号，lineitem 表使用"WHERE orderid＝OLD.orderid"查找要删除的记录。

现在验证一下触发器的功能,代码如下。

```
DELETE FROM orders WHERE orderid=6;
```

使用如下 SELECT 语句查看 sell 表中的情况,代码如下。

```
SELECT * FROM lineitem WHERE orderid=6;
```

这时可以发现,订单编号为 6 的订单明细在 lineitem 表中的所有信息已经被删除了。

【例 8-16】　创建一个触发器,当修改菜品表 food 中的库存数量时,如果修改后的库存数量小于 1 时,触发器将对应的订单明细表 lineitem 中的订购数量 count 设置 0。具体代码如下。

```
DELIMITER $$
CREATE TRIGGER food_update BEFORE UPDATE
    ON food FOR EACH ROW
BEGIN
    IF NEW.count<1 THEN
        UPDATE lineitem SET count=0  WHERE foodid=NEW.foodid;
END IF;
END$$
DELIMITER;
```

因为是修改了 food 表的记录后才执行触发器程序修改 lineitem 表中的记录,此时 food 表中的该记录已经修改了,所以只能用"NEW.foodid"来表示这个修改后的记录的菜品编号,lineitem 表使用"WHERE foodid＝NEW.foodid"查找要修改的记录。

现在验证触发器的功能,代码如下。

```
UPDATE food SET count=0  WHERE foodid=19;
```

使用如下 SELECT 语句查看 book 表中的情况。

```
SELECT *  FROM lineitem  WHERE foodid=19;
```

当触发器涉及对触发表自身的更新操作时,只能使用 BEFORE 触发器,而 AFTER 触发器将不被允许。

8.4.2　删除触发器

和其他数据库对象一样,使用 DROP 语句即可将触发器从数据库中删除。其语法格式如下。

```
DROP TRIGGER 触发器名
```

说明:触发器名为要删除的触发器名称。

【例 8-17】 删除触发器 food_update。具体代码如下。

```
DROP TRIGGERfood_update;
```

本 章 小 结

（1）本章结合 MySQL 数据库的使用，具体介绍了常用的数据库编程技术，即存储过、存储函数和触发器。

（2）存储过程是存放在数据库中的一段程序。存储过程可以由程序、触发器或另一个存储过程用 CALL 语句来调用而激活。

（3）存储函数与存储过程很相似，但存储函数一旦定义，只能像系统函数一样直接引用，而不能用 CALL 语句来调用。

（4）触发器虽然也是存放在数据库中的一段程序，但触发器不需要调用，当有操作影响到触发器保护的数据时，触发器会自动执行来保护表中的数据，实现数据库中数据的完整性。

本 章 实 训

1. 实训目的

（1）掌握存储过程的功能与作用，并学会其使用方法。
（2）掌握存储函数的功能与作用，并学会其使用方法。
（3）掌握触发器的功能与作用，并学会其使用方法。
（4）掌握事件的功能与作用，并学会其使用方法。

2. 实训内容

1）存储过程
创建存储过程，给定菜品编号 foodid，到订单明细表 lineitem 中统计其订购数量 count，并用此数量修改菜品表 food 中该菜品的库存数量 count。调用该存储过程，修正菜品编号为 2 的库存数量 count。

2）存储函数
（1）创建一个存储函数，返回菜品表 food 中所有菜品的价格总和。
（2）创建一个存储函数，给定职员姓名 waiterid，判断其职员身份，若是服务员，则返回其年龄 age；若不是，则返回电话 telehpone。

3）触发器
（1）创建触发器，在会员表 member 中删除某会员记录的同时将消费信息表 guestfood 中与该会员有关的消费全部删除。

（2）创建触发器,实现当向订单明细表 lineitem 表中插入一行数据时,将菜品表 food 中该菜品编号 foodid 的菜品的库存数量减 1。

（3）创建触发器,实现若修改桌台表 romm 中的桌台编号,则同时修改消费信息表 guestfood 中的桌台编号。

本 章 练 习

1. 选择题

（1）当数据表被修改时,能自动执行的数据库对象是（　　）。

　　A. 存储过程　　　　　　　　　　B. 触发器

　　C. 视图　　　　　　　　　　　　D. 其他数据库对象

（2）触发器主要针对下列语句创建（　　）。

　　A. SELECT、INSERT、DELETE　　　B. INSERT、UPDATE、DELETE

　　C. SELECT、UPDATE、INSERT　　　D. INSERT、UPDATE、CREATE

（3）在 WHILE 循环语句中,如果循环体语句条数多于一条,必须使用（　　）。

　　A. BEGIN-END　　　　　　　　　B. CASE-END

　　C. IF-THEN　　　　　　　　　　D. GOTO

（4）下列（　　）语句用于删除存储过程。

　　A. CREATE PROCEDURE　　　　　B. CREATE TABLE

　　C. DROP PROCEDURE　　　　　　D. 其他

（5）在 MySQL 中已定义存储过程 AB,带有一个参数@stname varchar(20),正确的执行方法为（　　）。

　　A. EXEC AB? 吴小雨　　　　　　B. SELECT AB(吴小雨)

　　C. CALLAB(吴小雨)　　　　　　D. 前面 3 种都可以

（6）为了使用输出参数,需要在 CREATE PROCEDURE 语句中指定关键字（　　）。

　　A. IN　　　　　　B. OUT　　　　　C. CHECK　　　　D. DEFAULT

（7）如果要从数据库中删除触发器,则应该使用 SQL 的命令（　　）。

　　A. DELETE TRIGGER　　　　　　B. DROP TRIGGER

　　C. REMOVE TRIGGER　　　　　　D. DISABLE TRIGGER

（8）已知员工和员工亲属两个关系,当员工调出时,应该从员工关系中删除该员工的元组,同时在员工亲属关系中删除对应的亲属元组。可使用（　　）触发器实现。

　　A. INSTEAD OF DELETE　　　　　B. INSTEAD OF DROP

　　C. AFTER DELETE　　　　　　　D. AFTER UPDATE

（9）MySQL 用于求系统日期的函数是（　　）。

　　A. YEAR　　　　　B. CURDATE　　　　C. COUNT　　　　D. SUM

（10）MySQL 调用存储过程时,需要（　　）调用该存储过程。

A. 直接使用存储过程的名字　　　　　B. 在存储过程前加 CALL 关键字

C. 在存储过程前加 EXEC 关键字　　　D. 在存储过程前加 USE 关键字

(11) 对于存储过程说法错误的是(　　　)。

  A. 存储过程可以拥有输出参数

  B. 存储过程由 SQL 语句和过程语句组成

  C. 使用 CALL 语句对存储过程调用

  D. 存储过程必须包含 RETURN 语句

(12) 对于使用存储过程的好处说法错误的是(　　　)。

  A. 可增强 SQL 语言的功能　　　　　B. 可增强 SQL 语言的灵活性

  C. 具有良好的封装性　　　　　　　　D. 系统运行稳定

(13) 下面(　　　)表示日期和时间的数据类型。

  A. DECIMAL(6,2)　　　　　　　　　B. DATE

  C. YEAR　　　　　　　　　　　　　D. TIMESTAMP

(14) 下面用于存储二进制数据的是(　　　)。

  A. INT　　　　　B. FLOAT　　　　　C. DECIMAL　　　　D. BIT

(15) (单选题)下列声明游标的语法格式中,正确的是(　　　)。

  A. DECLARE cursor_name CURSOR FOR select_statement

  B. CURSOR cursor_name FOR select_statement

  C. DECLARE cursor_name CURSOR OF select_statement

  D. CURSOR cursor_name OF select_statement

2. 填空题

(1) 局部变量只能在存储过程体的_____语句中声明。

(2) 在 MySQL 中,变量名称前常添加"@"符号的是_____变量。

(3) 在 MySQL 中,数值常量可以分为整数常量和_____。

(4) MySQL 中根据变量的定义方式,将变量分为用户变量和_____。

(5) 用户变量在使用前必须定义和初始化。如果使用没有初始化的变量,则它的值为_____。

(6) 可使用_____命令,将 MySQL 语句的结束标志临时修改为其他符号。

(7) MySQL 存储过程支持 3 种类型的参数,包括输入参数、输出参数和_____参数。

(8) _____是用户定义在关系表上的一类由事件驱动的数据库对象,也是一种保证数据完整性的方法。

第9章 数据安全

学习目标

- 理解用户与权限管理机制。
- 理解数据备份与恢复的常用方法。
- 了解事务和多用户管理机制。
- 能运用图形化管理工具和命令行方式创建和管理用户。
- 能运用图形化管理工具和命令行方式授予和收回权限。
- 能运用图形化管理工具完成数据的备份和恢复。

数据安全管理是数据库管理系统一个非常重要的组成部分,是数据库中数据被合理访问和修改的基本保证。MYSQL 提供了有效的数据访问、多用户数据共享、数据备份与恢复等数据安全机制。本单元从用户和权限管理、数据备份和恢复,以及事务和多用户管理三个方面来学习如何保证数据库的数据安全。

9.1 用户和数据权限管理

用户要访问 MYSQL 数据库,首先必须拥有登录到 MYSQL 服务器的用户名和口令。MYSQL 中的用户分为 root 用户和普通用户,root 用户为超级用户,具有所有的权限,如创建用户、删除用户、管理用户等,而普通用户只在其权限内使用数据库资源。MYSQL 的用户信息存储在 MYSQL 自带的 MYSQL 数据库的 user 表中。

9.1.1 创建用户和删除用户

由于 MYSQL 中存储的数据较多,通常一个 root 用户是无法管理这些数据的,因此需要创建多个普通用户来管理不同的数据。

1. 使用 CREATE USER 语句创建用户

使用 CREATE USER 语句可以添加一个或多个用户,服务器会自动修改相应的授权表,但需要注意的是,该语句创建的新用户是没有任何权限的。

CREATE USER 语句创建用户基本的语法格式如下。

```
CREATE USER 用户名 [IDENTIFIED BY '密码']
```

说明如下。

（1）用户名：格式为 user_name@host_name。其中，user_name 为用户名，host_name 为主机名。

（2）密码：使用 IDENTIFIED BY 子句，可以为用户设定一个密码。

【例 9-1】 添加一个新用户，用户名为 user1，密码为 123，CREATE USER 语句如下。

```
mysql>CREATE USER user1@localhost IDENTIFIED BY '123';
```

用户名的后面声明了关键字"localhost"。这个关键字指定用户创建所使用的 MYSQL 服务器来自主机。如果一个用户名和主机名中包含特殊符号（如"_"）或通配符（如"%"），则需要用单引号将其括起来。"%"表示一组主机。

上述语句执行成功之后，可以通过 SELECT 语句验证用户是否创建成功，具体如下。

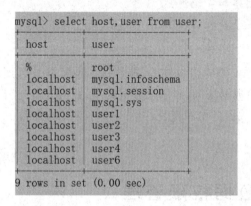

```
mysql> select host,user from user;
+-----------+------------------+
| host      | user             |
+-----------+------------------+
| %         | root             |
| localhost | mysql.infoschema |
| localhost | mysql.session    |
| localhost | mysql.sys        |
| localhost | user1            |
| localhost | user2            |
| localhost | user3            |
| localhost | user4            |
| localhost | user6            |
+-----------+------------------+
9 rows in set (0.00 sec)
```

使用 CREATE USER 语句时，可以定义该用户的密码管理机制，其语法格式如下。

```
CREATE USER 用户名〔IDENTIFIED BY'密码'〕〔密码〕
```

其中，密码选项相关管理策略变量如下。

- PASSWORD EXPIRE〔DEFAULT｜NEVER｜INTERVAL n DAY〕
- ｜PASSWORD HISTORY｛DEFAULT｜n｝
- ｜PASSWORD REUSE INTERVAL｛DEFAULT｜n DAY｝
- ｜PASSWORD REQUIRE CURRENT〔DEFAULT｜OPTIONAL〕
- ｜FALLED_LOGIN_ATTEMPTS n
- ｜PASSWORD_LOCK_TIME｛n｜UNBOUNDED｝

MySQL 8.0 的密码管理策略变量说明如下。

（1）PASSWORD EXPIRE：它允许设置用户的过期时间。DEFAULT 让用户使用默认的密码过期全局策略。NEVER 禁用密码过期。INTERVAL n DAY 密码过期时间为 n 天，INTERVAL 的单位是"天"。

（2）PASSWORD HISTORY：修改密码不允许与最近几次使用的密码重复，默认是 0，即不限制。

（3）PASSWORD REUSE INTERVAL：修改密码不允许与最近多少天的使用过的密码重复，默认是 0，即不限制。

（4）PASSWORD REQUIRE CURRENT：修改密码是否需要提供当前的登录密码，默认是 OFF，即不需要；如果需要，则设置成 ON。

（5）FALLED_LOGIN_ATTEMPTS n，PASSWORD_LOCK_TIME：登录时当输错密码的次数超过所设置的次数时，则锁住该用户。

【例 9-2】　添加一个新用户，用户名为 user2，初始密码为 123。将密码标记为过期，以使用户在第一次连接到服务器时必须选择一个新密码。具体代码及执行结果如下。

```
mysql>CREATE USER user2@localhost IDENTIFIED BY "123" PASSWORD EXPIRE;
```

```
mysql> SELECT Host,user,password_last_changed,password_expired from user;
+-----------+------------------+-----------------------+------------------+
| Host      | user             | password_last_changed | password_expired |
+-----------+------------------+-----------------------+------------------+
| localhost | mysql.infoschema | 2022-04-10 10:13:38   | N                |
| localhost | mysql.session    | 2022-04-10 10:13:38   | N                |
| localhost | mysql.sys        | 2022-04-10 10:13:38   | N                |
| localhost | root             | 2022-04-10 10:13:43   | N                |
| localhost | user2            | 2022-05-04 11:07:33   | Y                |
+-----------+------------------+-----------------------+------------------+
5 rows in set (0.00 sec)
```

【例 9-3】　添加一个新用户，用户名为 user3，初始密码为 123。要求每 90 天选择一个新密码。

```
mysql>CREATE USER user3@localhost IDENTIFIED BY '123' PASSWORD EXPIRE INTERVAL
90 day;
```

要修改某个用户的登录密码，可以使用 SET PASSWORD 语句。其语法格式如下。

```
SET PASSWORD [FOR 用户名=='新密码'
```

如果不加 FOR 用户名，表示修改当前用户的密码；加了 FOR 用户名，则是修改当前主机上特定用户的密码。

【例 9-4】　将用户 user2 的密码修改为 456。具体代码如下。

```
mysql>SET PASSWORD FOR user2@localhost='456';
```

2. 删除用户

DROP USER 语句可以删除一个或多个 MYSQK 用户，并取消其权限。其语法格式如下。

```
DROP USER 用户名 1[,用户名 2]...
```

说明：要使用 DROP USER 语句时，必须拥有 MYSQL 数据库的全局 CREATE USER 权限或 DELETE 权限。

【例 9-5】 删除用户 user3。具体代码如下。

```
mysql>DROP USER user3@localhost;
```

3. 修改用户名

RENAME USER 语句可以修改一个已经存在的 MYSQL 用户的名字。其语法格式如下。

```
RENAME USER 原用户名 TO 新用户名[, ...]
```

说明如下。

（1）原用户名为已经存在的 MYSQL 用户。新用户名为新的 MYSQL 用户。

（2）要使用 RENAME USER 语句，必须拥有 MYSQL 数据库的全局 CREATE USER 权限或 UPDATE 权限。如果原用户不存在或者新用户已存在，则会出现错误。

（3）RENAME USER 语句用于对原有的 MYSQL 用户进行重命名，可以一次给多个用户重命名。

【例 9-6】 将用户名 user2 更名为 user3。具体代码如下。

```
mysql>RENAME USER
        User2@localhost TO user3@localhost;
```

9.1.2 授予权限和回收权限

新的用户不允许访问属于其他用户的表，也不能立即创建自己的表，它必须被授权。

MySQL 服务器通过 MySQL 权限表来控制用户对数据库的访问，MySQL 权限表存放在 mysql 数据库里，由 mysql_install_db 脚本初始化。这些 MySQL 权限表分别为 user、db、table_priv、columns_priv 和 host。下面分别介绍这些表的结构和内容。

（1）user 权限表：记录允许连接到服务器的用户账号信息，里面的权限是全局级的。

（2）db 权限表：记录各个账号在各个数据库上的操作权限。

（3）table_priv 权限表：记录数据表级的操作权限。

（4）columns_priv 权限表：记录数据列级的操作权限。

（5）host 权限表：配合 db 权限表对给定主机上数据库级操作权限作更细致的控制。这个权限表不受 GRANT 和 REVOKE 语句的影响。

1. 使用 GRANT 语句授予权限

GRANT 语句可以对用户进行授权，使用 SHOW GRANTS 语句可以查看当前用户拥有什么权限。

GRANT 语句的语法格式如下。

```
GRANT 权限 1[(列名列表 1)][, 权限 2[(列名列表 2)]]...
ON [目标]{表名|*|*.*|库名.*}
```

```
TO 用户 1 [IDENTIFIED BY [PASSWORD]'密码 1']
[, 用户 2 [IDENTIFIED BY [PASSWORD]'密码 2']]...
[WITH 权限限制 1 [权限限制 2]...]
```

说明如下。

(1) 权限为权限的名称,如 SELECT、UPDATE 等,给不同的对象授予权限的值也不相同。

(2) ON 关键字后面给出的是要授予权限的数据库或表名。目标可以是 TABLE 或 FUNCTION 或 PROCEDURE。

(3) TO 子句用来设定用户和密码。

(4) 授予表权限时,权限可以是以下值。

- SELECT:访问特定表的权限。
- INSERT:向表中插入新行。
- DELETE:删除表中已有的记录。
- UPDATE:修改现存表记录。
- EFERENCES:给予用户创建一个外键来参照特定表的权限。
- CREATE:创建表。
- ALTER:修改表。
- INDEX:在表上定义索引。
- DROP:抛弃(删除)表。
- ALL 或 ALL PRIVILEGES:表示给予用户以上所有的权限。

【例 9-7】 授予用户 user3 在 food 表上的 INSERT 权限。具体代码如下。

```
mysql>USE weborder;
mysql>GRANT INSERT
ON food
    TO user3@localhost;
```

1) 授予列权限

授予列权限,权限值只能是 SELECT、INSERT、UPDATE。权限的后面需要加上列名列表。

【例 9-8】 授予用户 user3 在 food 表 foodname 列的 UPDATE 权限。具体代码如下。

```
mysql>USE weborder;
mysql>GRANT UPDATE (foodname) ON food
    TO user3@localhost;
```

验证:以 user3 用户身份登录。

```
mysql>USE weborder;
mysql>UPDATE food SET foodname='麻辣香锅'
    WHERE foodname='凉拌鱼皮';
```

执行结果：修改成功。

验证：以 user3 用户身份登录。

```
mysql>USE weborder;
mysql>UPDATE food SET description='原料:纽荷尔脐橙、矿泉水、冰块'
    WHERE description='原料:纽荷尔脐橙、矿泉水';
```

执行结果：没有权限修改。

2）授予数据库权限

MYSQL 支持针对整个数据库的权限。

授予数据库权限时，权限可以是以下值。

（1）SELECT：给予用户访问特定数据库中所有表和视图的权限。

（2）INSERT：给予用户向特定数据库中所有表添加行的权限。

（3）DELETE：给予用户删除特定数据库中所有表的行的权限。

（4）UPDATE：给予用户更新特定数据库中所有表的值的权限。

（5）REFERENCES：给予用户创建指向特定数据库中的表外键的权限。

（6）CREATE：给予用户在特定数据库中创建新表的权限。

（7）ALTER：给予用户修改特定数据库中所有表的权限。

（8）INDEX：给予用户在特定数据库中所有表上定义和删除索引的权限。

（9）DROP：给予用户删除特定数据库中所有表和视图的权限。

（10）CREATE TEMPORARY TABLES：给予用户在特定数据库中创建临时表的权限。

（11）CREATE VIEW：给予用户在特定数据库中创建新视图的权限。

（12）SHOW VIEW：给予用户查看特定数据库中已有视图的视图定义的权限。

（13）CREATE ROUTINE：给予用户为特定的数据库创建存储过程和存储函数的权限。

（14）ALTER ROUTINE：给予用户更新和删除数据库中已有的存储过程和存储函数的权限。

（15）EXECUTE ROUTINE：给予用户调用特定数据库的存储过程和存储函数的权限。

（16）LOCK TABLES：给予用户锁定特定数据库的已有表的权限。

（17）ALL 或 ALL PRIVILEGES：表示给予用户以上所有的权限。

【例 9-9】 授予 user1 对 weborder 数据库中的所有表的 SELECT 权限。具体代码如下。

```
mysql>GRANT SELECT
    ON weborder.*
        TO user1@localhost;
```

【例 9-10】 授予 user1 在 weborder 数据库中的所有的数据库权限。具体代码如下。

```
mysql>USE weborder;
mysql>GRANT ALL
      ON *
          TO user1@localhost;
```

3）授予用户权限

最有效率的权限就是用户权限，对于需要授予数据库权限的所有语句，也可以定义在用户权限上。例如，在用户级别上授予 CREATE 权限，这个用户既可以创建一个新的数据库，也可以在所有的数据库中创建新表。

MYSQL 授予用户权限时，权限可以是以下值。

（1）CREATE USER：给予用户创建和删除新用户的权限。

（2）SHOW DATABASES：给予用户查看所有已有数据库的定义的权限。

在 GRANT 语法格式中，授予用户权限时，ON 子句中使用 ＊.＊，表示针对所有数据库的所有表。

【例 9-11】　授予 user3 对所有数据库中的所有表 SELECT、CREATE、ALTER、DROP 权限。具体代码如下。

```
mysql>GRANT SELECT, CREATE, ALTER, DROP
      ON *.*
          TO user3@localhost;
```

【例 9-12】　授予 user3 创建新用户的权限。具体代码如下。

```
mysql>GRANT CREATE USER
      ON *.*
          TO user3@localhost;
```

2. 权限的转移

GRANT 语句的最后可以使用 WITH 子句，如果指定权限限制为 GRANT OPTION，则表示 TO 子句中指定的所有用户都有把自己所拥有的权限授予其他用户的权限，而不管其他用户是否拥有该权限。

【例 9-13】　授予 user3 在 member 表上的 INSERT 权限，并允许其将该权限授予其他用户。

首先，在 root 用户下授予 user3 用户在 member 表上的 INSERT 权限。具体代码如下。

```
mysql>GRANT INSERT
      ON weborder.member
      TO user3@localhost
      WITH GRANT OPTION;
```

接着，以 user3 用户身份登录 MYSQL，登录后，在例 9-12 中授予 user3 创建新用户的权限,然后,创建 user4 用户,并将在 member 表插入行的这个权限传递给 user4。具体代码如下。

```
mysql>CREATE USER user4@localhost IDENTIFIED BY '123';
     GRANT INSERT
     ON weborder. member
     TO user4@localhost;
```

3. 权限的回收

在 MySQL 中,为了保证数据库的安全性,需要将用户不必要的权限收回。为了实现这种功能,MySQL 提供一个 REVOKE 语句,该语句可以收回用户的权限。

以下这种格式用来回收某项特定的权限。

```
REVOKE 权限 1[(列名列表 1)][, 权限 2[(列名列表 2)]]...
ON {表名 | * | *.* | 库名.* }
FROM 用户名 1 [, 用户名 2]...
```

以下这种格式用来回收该用户的所有权限。

```
REVOKE ALL PRIVILEGES, GRANT OPTION FROM 用户名 1 [, 用户名 2]...
```

REVOKE 语句的其他语法含义与 GRANT 语句相同。

【例 9-14】 回收用户 user4 在 member 表上的 INSERT 权限。具体代码如下。

```
mysql>REVOKE INSERT
       ON weborder. member
         FROM user4@localhost;
```

【例 9-15】 回收用户 user4 的所有权限。具体代码如下。

```
mysql>REVOKE ALL PRIVILEGES, GRANT OPTION
       FROM user4@localhost;
```

以上语句将删除 user4 用户的所有全局、数据库、表、列、程序的权限。删除权限,但不从 MySQL 系统表中删除该用户的记录。要完全删除用户账户,可使用 DROP USER 语句。

9.2 数据的备份与恢复

9.2.1 备份和恢复需求分析

在操作数据库时,难免会发生一些意外造成数据丢失。例如,突然停电、管理员的误操作都可能导致数据的丢失。为了确保数据的安全,需要定期对数据库进行备份,这样,当遇到数据库中数据丢失或者出错的情况,就可以将数据进行还原,从而最大程序降低损失。MySQL 有以下三种方法保证数据安全。

(1) 数据库备份:通过导出数据或表文件的副本来保护数据。

(2) 二进制日志文件:保存更新数据的所有语句。

(3) 数据库复制:MySQL 的内部复制功能建立在两个或两个以上的服务器之间,通过设定它们之间的主从关系实现。其中一个为主服务器,其他的作为从服务器。

数据库恢复就是当数据库出现故障时,将备份的数据库加载到系统,使数据库恢复到备份时的正确状态。

9.2.2 数据库备份和恢复

用户可以使用 SELECT INTO...OUTFILE 语句把表数据导出到一个文本文件中,并用 LOAD DATA...INFILE 语句恢复数据。但是这样方法只能导出或导入数据的内容,不包括表的结构,如果表的结构文件损坏,则必须先恢复原来表的结构。其语法格式如下。

```
SELECT * INTO FORM 表名 OUTFILE '文件名' 输出选项
    |DUMPFILE '文件名'
```

其中,输出选项如下。

```
[FIELDS
      [TERMINATED BY 'string']
      [[OPTIONALLY]ENCLOSED BY 'char']
      [ESCAPED BY 'char']
]
[LINES TERMINATED BY 'string']
```

说明如下。

(1) 使用 OUTFILE 关键字时,可以在输出选项中加入 FIELDS 和 FIELDS 子句,它们的作用是决定数据行在文件中存放的格式。

FIELDS 子句:在 FIELDS 子句中有 TERMINATED BY、[OPTIONALLY] ENCLOSED BY 和 ESCAPED BY 3 个亚子句。TERMINATED BY 子句用来指定字段值之间的符号。ENCLOSED BY 子句用来指定包裹文件中的字符值的符号。例如,"ENCLOSED BY' "'"表示文件中的字符值放在双引号之间,若加上 OPTIONALLY,则表示所有值都放在双引号之间。ESCAPED BY 子句用来指定转义字符,例如,ESCAPED BY '＊'将"＊"指定为转义字符,取代"\",如空格将表示为"＊N"。

LINES 子句:在 LINES 子句中使用 TERMINATED BY 指定一行结束的标志,如"LINES TERMINATED BY'?'"表示一行为"?"作为结束标志。

(2) 如果 FIELDS 和 LINES 子句都不指定,则默认声明以下子句。

```
FIELDS TERMINATED BY '\t' ENCLOSED BY ' 'ESCAPED BY '\\'
LINES TERMINATED BY '\n'
```

（3）如果使用 DUMPFILE 而不是使用 OUTFILE，则导出的文件里的所有行都紧挨着放置，值和行之间没有任何标记。

（4）SELECT INTO...OUTFILE 语句的作用是将表中 SELECT 语句选中的行写入一个文件中。文件默认在服务器主机上创建，并且文件名不能是已经存在的。如果要将该文件写入一个特定的位置，则要在文件名前加上具体的路径。在文件中，数据行以一定的形式存放，空值用"\n"表示。

LOAD DATA...INFILE 语句可以将一个文件中的数据导入数据库中。其语法格式如下。

```
LOAD DATA INFILE  '文件名.txt'
INTO TABLE 表名
[FIELDS
      [TERMINATED BY 'string']
      [[OPTIONALLY]ENCLOSED BY 'char']
      [ESCAPED BY 'char']
]
[LINES
      [STARTING BY 'string']
      [TERMINATED BY 'string']
]
```

说明如下。

（1）文件名：文件中保存了待存入数据库的行。输入文件可以手动创建，也可以使用其他程序创建。载入文件时可以指定文件的绝对路径。服务器会根据该路径搜索文件；若不指定路径，如 myfile.txt，服务器会在默认数据库的数据库目录中读取。若文件为"./myfile.txt"，则服务器直接在数据目录下读取，即 MysSQL 的 data 目录。

注意：这里使用正斜杠(/)指定 Windows 路径名称，而不是用反斜杠。

（2）表名：需要导入数据的表名，该表在数据库中必须存在，表结构必须与导入文件的数据行一致。

（3）FIELDS 子句：此处的 FIELDS 子句和 SELECT INTO... OUTFILE 语句的 FIELDS 子句类似，用来判断字段之间和数据行之间的符号。

（4）LINES 子句：TERMINATED BY 亚子句用来指定一行结束的标志。STARTING BY 亚子句则指定一个前缀，导入数据时，忽略行中的该前缀和前缀之前的内容。如果某行不包括该前缀，则整个行被跳过。

提示：MySQL 8.0 对通过文件导入导出做了限制，默认不允许。执行 MySQL 命令"SHOW VARIABLES LIKE "secure_file_priv";"查看配置，如果 value 值为 NULL，则为禁止；如果有文件夹目录，则只允许修改目录下的文件（子目录也不行）；如果为空，则不限制目录。可修改 MySQL 配置文件 my.ini，手动添加如下一行。

```
secure-file-priv=""
```

表示不限制目录，修改完配置文件，重启 MySQL 生效。

【例 9-16】 备份 weborder 数据库 food 表中的数据到 D：盘 myfile1.txt 文件中，数据格式采用系统默认格式。具体代码如下。

```
mysql>USE weborder;
mysql>SELECT * FROM food
        INTO OUTFILE  'D:\myfile1.txt';
```

用写字板打开 D 盘 myfile1.txt 文件，数据如图 9-1 所示。

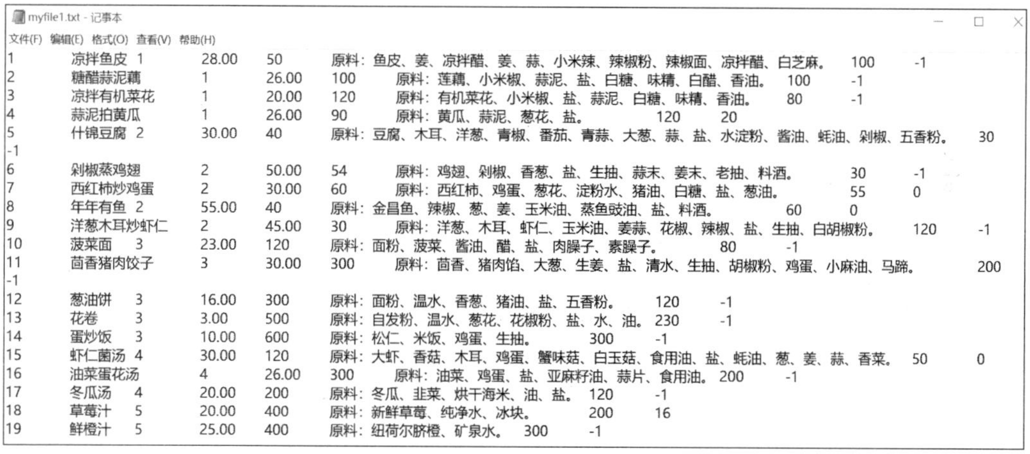

```
myfile1.txt - 记事本
文件(F) 编辑(E) 格式(O) 查看(V) 帮助(H)
1	凉拌鱼皮 1	28.00	50	原料：鱼皮、姜、凉拌醋、姜、蒜、小米辣、辣椒粉、辣椒面、凉拌醋、白芝麻。	100	-1
2	糖醋蒜泥藕	1	26.00	100	原料：莲藕、小米椒、蒜泥、盐、白糖、味精、白醋、香油。	100	-1
3	凉拌有机菜花	1	20.00	120	原料：有机菜花、小米椒、盐、蒜泥、白糖、味精、香油。	80	-1
4	蒜泥拍黄瓜	1	26.00	90	原料：黄瓜、蒜泥、葱花、盐。	120	20
5	什锦豆腐 2	30.00	40	原料：豆腐、木耳、洋葱、青椒、番茄、青蒜、大葱、蒜、盐、水淀粉、酱油、蚝油、剁椒、五香粉。	30
-1
6	剁椒蒸鸡翅	2	50.00	54	原料：鸡翅、剁椒、香葱、盐、生抽、蒜末、姜末、老抽、料酒。	30	-1
7	西红柿炒鸡蛋	2	30.00	60	原料：西红柿、鸡蛋、葱花、淀粉水、猪油、白糖、盐、葱油。	55	0
8	年年有鱼 2	55.00	40	原料：金昌鱼、辣椒、葱、姜、玉米油、蒸鱼豉油、盐、料酒。	60	0
9	洋葱木耳炒虾仁	2	45.00	30	原料：洋葱、木耳、虾仁、玉米油、姜蒜、花椒、辣椒、盐、生抽、白胡椒粉。	120	-1
10	菠菜面	3	23.00	120	原料：面粉、菠菜、酱油、醋、盐、肉臊子、素臊子。	80	-1
11	茴香猪肉饺子	3	30.00	300	原料：茴香、猪肉馅、大葱、生姜、盐、清水、生抽、胡椒粉、鸡蛋、小麻油、马蹄。	200
-1
12	葱油饼	3	16.00	300	原料：面粉、温水、香葱、猪油、盐、五香粉。	120	-1
13	花卷	3	3.00	500	原料：自发粉、温水、葱花、花椒粉、盐、水、油。230	-1
14	蛋炒饭	3	10.00	600	原料：松仁、米饭、鸡蛋、生抽。	300	-1
15	虾仁菌汤 4	30.00	120	原料：大虾、香菇、木耳、鸡蛋、蟹味菇、白玉菇、食用油、盐、蚝油、葱、姜、蒜、香菜。	50	0
16	油菜蛋花汤	4	26.00	300	原料：油菜、鸡蛋、盐、亚麻籽油、蒜片、食用油。200	-1
17	冬瓜汤	4	20.00	200	原料：冬瓜、韭菜、烘干海米、油、盐。	120	-1
18	草莓汁	5	20.00	400	原料：新鲜草莓、纯净水、冰块。	200	16
19	鲜橙汁	5	25.00	400	原料：纽荷尔脐橙、矿泉水。	300	-1
```

图 9-1　采用默认数据格式导出的 food 表数据

【例 9-17】 备份 weborder 数据库 food 表中的数据到 D：盘 myfile2.txt 文件中，要求字段值如果是字符就用双引号标注，字段值之间用逗号隔开，每行以"#"为结束标志。最后将备份后的数据导入一个和 food 表结构一样的空表 food_copy 中。具体代码如下。

```
mysql>USE weborder;
mysql>SELECT * FROM food
        INTO OUTFILE 'D:/myfile2.txt'
          FIELDS TERMINATED BY ','
            OPTIONALLY ENCLOSED BY '"'
        LINES TERMINATED BY '# ';
```

执行结果如图 9-2 所示。

【例 9-18】 将 D 盘 myfile1.txt 文件中的数据恢复到 weborder 数据库的 food_copy1 表中。

先创建 food_copy1 表结构，代码如下。

```
mysql>CREATE TABLE food_copy1 LIKE food;
```

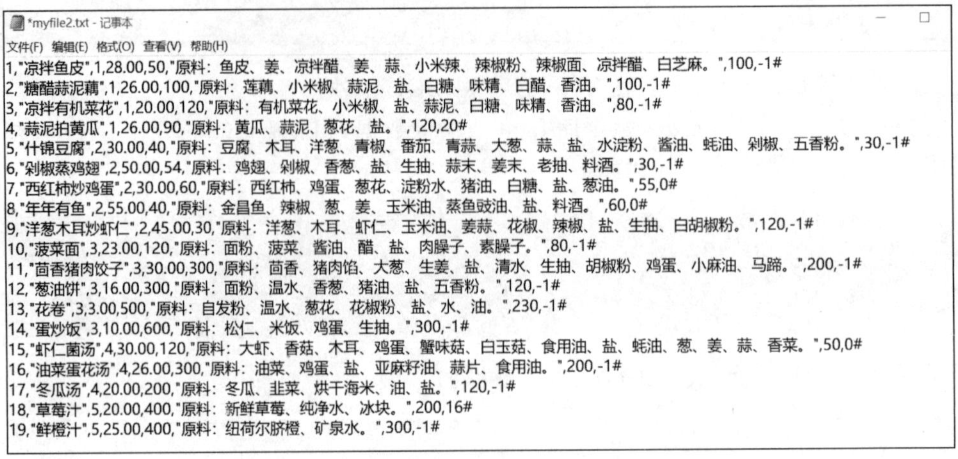

```
*myfile2.txt - 记事本
文件(F) 编辑(E) 格式(O) 查看(V) 帮助(H)
1,"凉拌鱼皮",1,28.00,50,"原料：鱼皮、姜、凉拌醋、姜、蒜、小米辣、辣椒粉、辣椒面、凉拌醋、白芝麻。",100,-1#
2,"糖醋蒜泥藕",1,26.00,100,"原料：莲藕、小米椒、蒜泥、盐、白糖、味精、白醋、香油。",100,-1#
3,"凉拌有机菜花",1,20.00,120,"原料：有机菜花、小米椒、盐、蒜泥、白糖、味精、香油。",80,-1#
4,"蒜泥拍黄瓜",1,26.00,90,"原料：黄瓜、蒜泥、葱花、盐。",120,20#
5,"什锦豆腐",2,30.00,40,"原料：豆腐、木耳、洋葱、青椒、番茄、青蒜、大葱、蒜、盐、水淀粉、酱油、蚝油、剁椒、五香粉。",30,-1#
6,"剁椒蒸鸡翅",2,50.00,54,"原料：鸡翅、剁椒、香葱、盐、生抽、蒜末、姜末、老抽、料酒。",30,-1#
7,"西红柿炒鸡蛋",2,30.00,60,"原料：西红柿、鸡蛋、葱花、淀粉水、猪油、白糖、盐、葱油。",55,0#
8,"年年有鱼",2,55.00,40,"原料：金昌鱼、辣椒、葱、姜、玉米油、蒸鱼豉油、盐、料酒。",60,0#
9,"洋葱木耳炒虾仁",2,45.00,30,"原料：洋葱、木耳、虾仁、玉米油、姜蒜、花椒、辣椒、盐、生抽、白胡椒粉。",120,-1#
10,"菠菜面",3,23.00,120,"原料：面粉、菠菜、酱油、醋、盐、肉臊子、素臊子。",80,-1#
11,"茴香猪肉饺子",3,30.00,300,"原料：茴香、猪肉馅、大葱、生姜、盐、清水、生抽、胡椒粉、鸡蛋、小麻油、马蹄。",200,-1#
12,"葱油饼",3,16.00,300,"原料：面粉、温水、香葱、猪油、盐、五香粉。",120,-1#
13,"花卷",3,3.00,500,"原料：自发粉、温水、葱花、花椒粉、盐、水、油。",230,-1#
14,"蛋炒饭",3,10.00,600,"原料：松仁、米饭、鸡蛋、生抽。",300,-1#
15,"虾仁菌汤",4,30.00,120,"原料：大虾、香菇、木耳、鸡蛋、蟹味菇、白玉菇、食用油、盐、蚝油、葱、姜、蒜、香菜。",50,0#
16,"油菜蛋花汤",4,26.00,300,"原料：油菜、鸡蛋、盐、亚麻籽油、蒜片、食用油。",200,-1#
17,"冬瓜汤",4,20.00,200,"原料：冬瓜、韭菜、烘干海米、油、盐。",120,-1#
18,"草莓汁",5,20.00,400,"原料：新鲜草莓、纯净水、冰块。",200,16#
19,"鲜橙汁",5,25.00,400,"原料：纽荷尔脐橙、矿泉水。",300,-1#
```

图 9-2　采用特定数据格式导出的 food 表数据

然后使用 LOAD DATA 命令将 D 盘 myfile1.txt 文件中的数据恢复到 weborder 数据库的 food_copy1 表中，代码如下。

```
mysql>LOAD DATA INFILE 'D:\myfile1.txt'
        INTO TABLE food_copy1;
```

【例 9-19】 将 D 盘 myfile2.txt 文件中的数据恢复到 weborder 数据库的 food_copy2 表中。

在导入数据时，必须根据文件中数据行的格式指定判断的符号。例如，myfile2.txt 文件中字段值是以逗号隔开的，导入数据时一定要使用“TERMINATED BY‘,’”子句指定逗号为字段值之间的分隔符，与 SELECT INTO...OUTFILE 语句相对应。其具体代码如下。

```
mysql>CREATE TABLE food_copy2 LIKE food;
mysql>LOAD DATA INFILE 'D:/myfile2.txt'
        INTO TABLE food_copy2;
            FIELDS TERMINATED BY ','
                OPTIONALLY ENCLOSED BY '"'
              LINES TERMINATED BY '# ';
```

9.2.3　MySQL 日志

在实际的操作中，用户和系统管理员不可能随时备份数据，但当数据丢失或数据库文件损坏时，使用备份文件只能恢复到备份文件创建的时间点，而对在这之后更新的数据就无能为力了。解决这个问题的办法就是使用 MySQL 二进制日志。

MySQL 有几个不同的日志文件，可以帮助用户找出 MySQL 内部发生的事情。下面列出了 MySQL 日志文件及其说明。

- 错误日志：记录启动、运行、停止 MySQL(MySQL Server)遇到的问题。

- 查询日志：记录建立的客户端连接和执行的语句。
- 二进制日志：记录所有更改数据的语句(也用于复制)。
- 慢日志：记录所有执行超 long_query_time 的查询或不使用索引的查询。
- 更新日志：记录更新数据的语句。不推荐使用该日志。

1. 启用日志

二进制日志包含了所有更新了的或已经潜在更新了的数据的所有语句。语句以"事件"的形式保存,它描述数据更改。

二进制日志可以在启动服务器的时候启动,这需要修改 my.ini 选项文件。打开该文件,找到[mysqld]所在行,在该行后面加上如下格式的一行代码。

```
Log-bin[=filename]
```

加入该选项后,服务器启动时就会加载该选项,从而启动二进制日志。如果 filename 包含扩展名,则拓展名会被忽略。MySQL 服务器为每个二进制日志名后面添加一个数字扩展名,每次启动服务器或刷新日志时该数字增加 1。如果 filename 未给出,则默认为主机名。

假如这里 filename 起名为 bin_log,若不指定目录,则在 MySQL 的 data 目录下自动创建二进制文件。

注意：配置文件修改保存后,一定要重启 MySQL。

重启服务器的方法是：先关闭服务器,在"运行"对话框中输入命令 net stop mysql,再启动服务器,在"运行"对话框中输入命令 net start mysql。

此时,MySQL 的 data 目录下会多出两个文件：bin_log.000001 和 bin_log.index。

bin_log.000001 就是二进制日志文件,以二进制形式存储,用于保存数据库更新信息。当这个日志文件大小达到最大时,MySQL 还会自动创建新的二进制文件。bin_log.index 是服务器自动创建的二进制日志索引文件,包含所有使用的二进制日志文件的文件名。

2. 基本操作

(1) 查看是否启用了二进制日志,代码及运行结果如下。

```
mysql>show variables like 'log_bin';
```

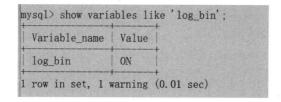

```
mysql> show variables like 'log_bin';
+---------------+-------+
| Variable_name | Value |
+---------------+-------+
| log_bin       | ON    |
+---------------+-------+
1 row in set, 1 warning (0.01 sec)
```

如果值为 ON,则表示已启动。

(2) 查看所有二进制日志文件的列表,代码及运行结果如下。

```
mysql>SHOW BINARY LOGS;
```

```
mysql> SHOW BINARY LOGS;
+------------------------------+-----------+-----------+
| Log_name                     | File_size | Encrypted |
+------------------------------+-----------+-----------+
| LAPTOP-M4IPP4SA-bin.000001   |         0 | No        |
| LAPTOP-M4IPP4SA-bin.000002   |      7123 | No        |
| LAPTOP-M4IPP4SA-bin.000003   |     13671 | No        |
| LAPTOP-M4IPP4SA-bin.000004   |       180 | No        |
| LAPTOP-M4IPP4SA-bin.000005   |       180 | No        |
| LAPTOP-M4IPP4SA-bin.000006   |       180 | No        |
| LAPTOP-M4IPP4SA-bin.000007   |       180 | No        |
| LAPTOP-M4IPP4SA-bin.000008   |       180 | No        |
| LAPTOP-M4IPP4SA-bin.000009   |       180 | No        |
| LAPTOP-M4IPP4SA-bin.000010   |       180 | No        |
| LAPTOP-M4IPP4SA-bin.000011   |       180 | No        |
| LAPTOP-M4IPP4SA-bin.000012   |       180 | No        |
| LAPTOP-M4IPP4SA-bin.000013   |       180 | No        |
| LAPTOP-M4IPP4SA-bin.000014   |       180 | No        |
| LAPTOP-M4IPP4SA-bin.000015   |       180 | No        |
| LAPTOP-M4IPP4SA-bin.000016   |       180 | No        |
| LAPTOP-M4IPP4SA-bin.000017   |       180 | No        |
| LAPTOP-M4IPP4SA-bin.000018   |       180 | No        |
| LAPTOP-M4IPP4SA-bin.000019   |       180 | No        |
| LAPTOP-M4IPP4SA-bin.000020   |      5603 | No        |
| LAPTOP-M4IPP4SA-bin.000021   |       180 | No        |
| LAPTOP-M4IPP4SA-bin.000022   |       157 | No        |
+------------------------------+-----------+-----------+
22 rows in set (0.01 sec)
```

（3）查看当前 binlog 文件内容，如图 9-3 所示。

```
mysql> show binlog events  in `LAPTOP-M4IPP4SA-bin.000020`;
+---------------------------+------+----------------+-----------+-------------+-------------------------------------------------------+
| Log_name                  | Pos  | Event_type     | Server_id | End_log_pos | Info                                                  |
+---------------------------+------+----------------+-----------+-------------+-------------------------------------------------------+
| LAPTOP-M4IPP4SA-bin.000020|    4 | Format_desc    |         1 |         126 | Server ver: 8.0.28, Binlog ver: 4                     |
| LAPTOP-M4IPP4SA-bin.000020|  126 | Previous_gtids |         1 |         157 |                                                       |
| LAPTOP-M4IPP4SA-bin.000020|  157 | Anonymous_Gtid |         1 |         236 | SET @@SESSION.GTID_NEXT= 'ANONYMOUS'                  |
| LAPTOP-M4IPP4SA-bin.000020|  236 | Query          |         1 |         487 | use `weborder`; CREATE USER 'user1'@'lo
calhost' IDENTIFIED WITH 'caching_sha2_password' AS '$A$005$\Z*N^6|*un2p┗'┘PmEjｪe7O1rk../K3Fb/Bt61h/9BSNRs.P2uFgcJWaLPbg
Hr4' /* xid=9 */
| LAPTOP-M4IPP4SA-bin.000020|  487 | Anonymous_Gtid |         1 |         566 | SET @@SESSION.GTID_NEXT= 'ANONYMOUS'                  |
| LAPTOP-M4IPP4SA-bin.000020|  566 | Query          |         1 |         833 | use `weborder`; CREATE USER 'user2'@'lo
calhost' IDENTIFIED WITH 'caching_sha2_password' AS '$A$005$rj &4X\Zxｪ-A 51nP(%qpXM4xMYD4MaZ1z7Fq8iL89k9G1k3BCSSRJxq4mAsy
0' PASSWORD EXPIRE /* xid=10 */
```

图 9-3　查看 binlog 文件内容

binlog 文件内容的说明如下。

- Log_name：此条 log 存在哪个文件中。
- Pos：log 在 bin-log 中的开始位置。
- Event_type：log 的类型信息。
- Server_id：可以查看配置中的 server_id，表示 log 是哪个服务器产生。
- End_log_pos：log 在 bin-log 中的结束位置。
- Info：log 的一些备注信息，可以直观地看出进行了什么操作。

（4）删除所有二进制日志，并重新开始记录，代码如下。

```
mysql> show master status;
mysql> reset master;
```

重新开始。

```
mysql> show master status;
```

```
mysql> show master status;
+---------------------------+----------+--------------+------------------+-------------------+
| File                      | Position | Binlog_Do_DB | Binlog_Ignore_DB | Executed_Gtid_Set |
+---------------------------+----------+--------------+------------------+-------------------+
| LAPTOP-M4IPP4SA-bin.000023|    157   |              |                  |                   |
+---------------------------+----------+--------------+------------------+-------------------+
1 row in set (0.00 sec)
mysql> reset master;
Query OK, 0 rows affected (0.07 sec)
mysql> show master status;
+---------------------------+----------+--------------+------------------+-------------------+
| File                      | Position | Binlog_Do_DB | Binlog_Ignore_DB | Executed_Gtid_Set |
+---------------------------+----------+--------------+------------------+-------------------+
| LAPTOP-M4IPP4SA-bin.000001|    157   |              |                  |                   |
+---------------------------+----------+--------------+------------------+-------------------+
1 row in set (0.00 sec)
```

将'LAPTOP-M4IPP4SA-bin.000007'编号之前的所有日志进行删除。

```
mysql>purge master logs to ' LAPTOP-M4IPP4SA-bin.000007';
```

将在 'yyyy-mm-dd hh:mm:ss' 时间之前的所有日志进行删除。

```
mysql>purge master logs before 'yyyy-mm-dd hh:mm:ss'
```

3. 用 mysqlbinlog 处理日志

使用 mysqlbinlog 命令可以检查和处理二进制日志文件。其语法格式如下。

```
mysqlbinlog [选项] 日志文件名...
```

通过命令行方式运行 mysqlbinlog，要正确设置 mysqlbinlog.exe 命令所在的路径。运行命令可查看"C:\ProgramData\MySQL\MySQL Server8.0\Data\LAPTOP-M4IPP4SA-bin.000001"的内容如下。

```
mysqlbinlog C:\ ProgramData \MySQL \MySQL Server8.0\ Data \LAPTOP - M4IPP4SA-
bin.000001;
```

由于二进制数据可能非常多，无法在屏幕上延伸，因此可以将其保存到文本文件中。

```
mysqlbinlog LAPTOP-M4IPP4SA-bin.000001>D:\ LAPTOP-M4IPP4SA-bin.000001.txt
```

使用日志恢复数据的命令格式如下。

```
mysqlbinlog [选项] 日志文件名... | mysql [选项]
```

【例 9-20】 数据备份与恢复举例。

数据备份过程如下。

（1）星期一下午 1 点进行了数据库 weborder 的完全备份，备份文件为 file.sql。

（2）从星期一下午 1 点开始用户启用日志，bin_log.000001 文件保存了星期一下午 1 点以后的所有更改。

（3）星期三下午 1 点时数据库崩溃。

现将数据库恢复到星期三下午 1 点时的状态。

恢复步骤如下。

（1）将数据库恢复到星期一下午 1 点时的状态。

（2）使用以下命令将数据库恢复到星期三下午 1 点时的状态。

```
mysqlbinlog  bin_log.000001
```

由于日志文件要占用很大的硬盘空间，因此要及时将没用的日志文件消除。以下 SQL 语句用于清除所有的日志文件。

```
RESET MASTER;
```

如果要删除部分日志文件，可以使用 PURGE MASTER LOGS 语句。其语法格式如下。

```
PURGE {MASTER|BINARY} LOGS TO '日志文件名'
```

或

```
PURGE {MASTER|BINARY} LOGS BEFORE '日期'
```

说明如下。

（1）BINARY 和 MASTER 是同义词。

（2）第一个语句用于删除日志文件名指定的日志文件。

（3）第二个语句用于删除时间在日期之前的所有日志文件。

【例 9-21】 删除 2022 年 2 月 25 日星期五下午 1 点之前的部分日志文件，代码如下。

```
mysql>PURGE MASTER LOGS BEFORE '2022-02-25 13:00:00';
```

9.3 事务和多用户管理

9.3.1 事务

1. 事务概述

在 MySQL 环境中，事务由作为一个单独单元的一个或多个 SQL 语句组成。这个单元中的每个 SQL 语句是互相依赖的,而且单元作为一个整体是不可分割的。这个执行单元要么全部执行,要么全部不执行,否则就会出现逻辑错误。

比如银行里的转账。

A 账号余额 1000 元,B 账号余额 1000 元。现在 A 转 500 元给 B,那么要完成这个转账的事务,数据中的 SQL 应该是以下的执行过程。

(1) A 账号上要减少 500 元,代码如下。

```
update 储蓄表 set A.余额=A.余额-500 where 账号名='A';
```

(2) B 账号上要增加 500 元,代码如下。

```
update 储蓄表 set B.余额=B.余额+500 where 账号名='B';
```

如果没有事务处理这个功能,上面的情况下,很可能会发生以下这样的情况。

(1) 执行成功,A 的余额变为 500 元。刚开始执行(2)的时候,突然出现某系统系统错误,导致(2)执行失败。A 的钱减少了,B 的钱没增加!

所以在类似的场景需求中我们需要事务处理——实现将(1)和(2)的 SQL 语句绑定在一起,要么都执行成功。要么不管是(1)执行出错还是(2)执行出错,数据库里的数据状态会回滚到没有执行任何(1)或(2)里的 SQL 语句之前。

事务的 ACID 特点如下。

(1) 原子性(Atomicity):组成事务的 SQL 语句不可在分,要么都执行,要么都不执行。

(2) 一致性(Consistency):事务必须让数据的数据状态变化到另一个一致性的状态,如刚刚的例子中 A 和 B 的余额总和是 2000,转账后,A 和 B 的余额总和不能变,前后具有一致性。

(3) 隔离性(Isolation):一个事务的执行,不受其他事务的干扰,相互应该是隔离的,但是实际上是很难做到的,要通过隔离级别做选择。

(4) 持久性(Durability):一个事务被提交,并成功执行,那么它对数据的修改就是永久性的。接下来的其他操作或出现的故障,不能影响到它执行的结果。

2. 事务处理

在 MySQL 中,当一个会话开始时,系统变量 AUTOCOMMIT 的值为 1,即自动提交功能是打开的,用户每执行一条 SQl 语句后,该语句对数据库的修改就立即被提交成为持久性修改保存到磁盘上,一个事务也就结束了。因此,用户必须关闭自动提交,事务才能由多条 SQL 语句组成。使用如下语句关闭自动提交。

```
SET @@AUTOCOMMIT=0;
```

执行此语句后,必须明确地指示每个事务的终止,事务中的 SQL 语句对数据库所做的修改才能成为持久性修改。

下面将具体介绍如何处理一个事务。

1）开始事务

当一个应用程序的第一条 SQl 语句，或者 COMMIT 或 ROLLBACK 语句后的第一条 SQL 语句执行后，一个新的事务也就开始了。另外还可以使用一条 START TRANSACTION 语句来显式地启动一个事务，其语法格式如下。

```
START TRANSACTION
```

2）结束事务

COMMIT 语句是提交语句，它使得自从事务开始以来所执行的所有数据修改成数据库的永久部分，它也标志一个事务的结束。

MySQL 使用的是平面事务模型，因此不允许存在嵌套事务。在第一个事务里使用 START TRANSACTION 命令后，当第二个事务开始时，自动地提交第一个事务。

3）撤销事务

ROLLBACK 语句是撤销语句，它撤销事务所做的修改，并结束当前这个事务。

4）回滚事务

除了撤销整个事务，用户还可以使用 ROLLBACK TO 语句使事务回滚到某个点，在这之前需要使用 SAVEPOINT 语句来设置一个保存点，ROLLBACK TO SAVEPOINT 语句会向已命名的保存点回滚一个事务。如果在保存点被设置后，当前事务对数据进行了更改，则这些更改会在回滚中被撤销。

下面几个语句说明了有关事务的处理过程。

（1）START TRANSACTION

（2）UPDATE…

（3）DELETE…

（4）SAVEPOINT S1；

（5）DELETE…

（6）ROLLBACK WORK TO SAVEPOINT S1；

（7）INSERT…

（8）COMMIT WORK；

在以上语句中，第（1）行语句开始一个事务；第（2）、（3）行语句对数据进行修改，但没有提交；第（4）行设置一个保存点；第（5）行删除了数据，但没有提交；第（6）行将事务回滚到保存点 S1，这时第（5）行所做的修改被撤销了；第（7）行修改了数据；第（8）行结束这个事务，这时第（2）、（3）、（7）行对数据库做的修改被持久化。

9.3.2　多用户与锁定机制

当多个用户同时访问同一数据库对象时，在一个用户更改数据的过程中，可能有其他用户发起更改请求，为保证数据的一致性，需要对并发操作进行控制，因此产生了锁。

锁定是实现数据库并发控制的主要手段，它可以防止用户读取正在由其他用户更改的数据，并可以防止多个用户同时更改相同数据。如果不使用锁，则数据库中的数据可能在逻辑上不正确，并且对数据的查询可能会产生意想不到的结果。具体地说，锁定可以防止丢失更新、脏读、不可重复读和幻读。

（1）丢失更新(lost update)是指两个事务在并发下同时进行更新，后一个事务的更新覆盖了前一个事务更新的情况，丢失更新是数据没有保证一致性导致的。比如，事务 A 修改了一条记录，事务 B 在事务 A 提交的同时也进行了一次修改并且提交。当事务 A 查询的时候，会发现刚才修改的内容没有被修改，好像丢失了更新。

（2）脏读(dirty read)是指一个事务正在访问数据，而其他事务正在更新该数据，但尚未提交，此时就会发生脏读问题，即第一个事务所读取的数据是"脏"（不正确）数据，它可能会引起错误。例子：B 修改了订单详情，还未提交事务，A 查看详情（读的是 B 修改后的数据），此时 B 事务出错，进行回滚。A 查看的数据就是脏的（假数据）。

（3）不可重复读(Non-Repeatable Read)是指前后多次读取，数据内容不一致：事务 A 多次读取同一数据，事务 B 在事务 A 多次读取的过程中，对数据做了更新并提交，导致事务 A 多次读取同一数据时，结果不一致。例子：事务 A 修改用户姓名，此时年龄为 20，事务 B 修改年龄为 25，等事务 A 修改完再查询，发现年龄由 20 变成了 25。此时事务 B 回滚，A 再返回页面发现年龄变回了 20，多次读取，年龄 20-25-20 反复，重复读出来的数据内容不一致。

（4）幻读(Phantom Read)是指前后多次读取，数据内容不一致。例如，A 将数据库中所有学生的成绩从具体分数重置为 0，但是 B 就在这个时候插入了一条具体分数 100 的记录，当 A 改结束后发现还有一条记录没有改过来，就好像发生了幻觉一样，这就叫幻读。

MySQL 数据库由于其自身架构的特点，存在多种数据存储引擎，每种存储引擎所针对的应用场景特点都不太一样，为了满足各自特定应用场景的需求，每种存储引擎的锁定机制都是为各自所面对的特定场景而优化设计的，因此各存储引擎的锁定机制也有较大区别。

MySQL 各存储引擎主要使用 3 种类型（级别）的锁定机制：表级(table-level)锁定、行级(row-level)锁定和页级(page-level)锁定。

1. 表级锁定

表级锁定是 MySQL 各存储引擎中最大颗粒度的锁定机制。该锁定机制最大的特点是实现逻辑非常简单，带来的系统负面影响最小。所以获得锁和释放锁的速度很快。由于表级锁定一次会将整个表锁定，因此可以很好地避免死锁问题。

当然，锁定颗粒度大所带来的最大负面影响就是出现锁定资源争用的概率也会更高，这会导致并发度大打折扣。

使用表级锁定的主要是 MyISAM、MEMORY、CSV 等一些非事务性存储引擎。

2. 行级锁定

行级锁定最大的特点就是锁定对象的颗粒度很小，是目前各大数据库管理软件所实现的锁定颗粒度最小的。由于锁定颗粒度很小，因此发生锁定资源争用的概率也很小，能够给予应用程序尽可能大的并发处理能力，从而可以提高某些需要高并发应用的系统的整体性能。

虽然行级锁定能够在并发处理能力上面有较大的优势，但是也因此带来了不少弊端。由于锁定资源的颗粒度很小，因此每次获取锁和释放锁需要做的事情也更多，带来的消耗自然也就更大了。此处，行级锁定也最容易发生死锁。

使用行级锁定的主要是 InnoDB 存储引擎。

3. 页级锁定

页级锁定是 Mysql 中比较独特的一种锁定级别，在其他数据库管理软件中并不太常见。页级锁定的特点是锁定颗粒度介于行级锁定与表级锁定之间，所以获得锁定所需要的资源开销，以及所能提供的并发处理能力也同样是介于上面二者之间。另外，页级锁定和行级锁定一样，易发生死锁。

在数据库实现资源锁定的过程中，随着锁定资源颗粒度的减小，锁定相同数据量的数据所需要消耗的内存数量是越来越多的，实现算法也会越来越复杂。不过，随着锁定资源颗粒度的减小，应用程序的访问请求遇到锁等待的可能性也会随之降低，系统整体并发度也随之提升。

本 章 小 结

（1）保证数据库中的数据被合理访问和修改是数据库系统正常运动的基本特征。MySQL 提供了有效的数据访问安全机制。用户要访问 MySQL 数据库，首先必须拥有登录到 MySQL 服务器的用户名和口令。MySQL 使用 CREATE USER 语句来创建新用户，并设置相应的登录密码。登录到服务器后，MySQL 允许用户在其权限内使用数据库资源。

（2）MySQL 的对象权限分为列权限、表权限、数据库权限和用户权限 4 个级别，给对象授予权限可以使用 GRANT 语句，收回权限可以使用 REVOKE 语句。

（3）有多种因素可能会导致数据表的丢失或服务器的崩溃，数据备份与恢复是保证数据安全性的重要手段。MySQL 提供了数据库备份、二进制日志文件和数据库复制等功能，当数据库出现故障时，可以将数据库恢复到备份时的正确状态。

（4）当多个用户同时访问同一数据库对象时，一个用户在更改数据的过程中可能有其他用户同时发起更改请求，为保证数据的一致性，需要应用事务和锁定机制来对并发操作进行控制。

本 章 实 训

1. 实训目的

（1）掌握创建和管理数据库用户的方法。

（2）掌握授予与收回权限的方法。

（3）掌握备份与恢复数据库的方法。

2. 实训内容

1）用户管理

（1）创建数据库用户 user4、user5，密码为 123。

（2）将用户 user5 的名称改为 user6。

（3）将用户 user6 的密码改为 123456。

（4）删除 user6。

2）权限管理

（1）授予用户 user4 对 weborder 数据库中的会员表（member）有 SELECT 操作权限。

（2）授予用户 user4 对 weborder 数据库中的菜品表（food）有插入、修改、删除操作权限。

（3）授予用户 user4 对 weborder 数据库拥有所有操作权限。

（4）授予用户 user5 对 weborder 数据库中的桌台表（room）有 SELECT 操作权限，并允许其将该权限授予其他用户。

（5）收回用户 user4 对 weborder 数据库中的会员表（member）的 SELECT 操作权限。

3）数据备份和恢复

（1）备份数据库 weborder 中 waiter 表的数据到 D 盘。要求字段值如果是字符就用双引号标注，字段值之间用逗号隔开，每行以"♯"为结束标志。

（2）将第（1）题中的备份文件数据导入 waiter_copy 表中。

本 章 练 习

1. 选择题

（1）下面关于权限回收描述正确的是（　　　）。

    A. 每次只能回收一个用户的指定权限

    B. 不能回收全局权限

    C. 除代理权限外，一次可回收用户的全部权限

    D. 以上说法都不正确

（2）当数据库损坏时，数据库管理员可以通过（　　　）恢复数据库。

    A. 事务日志文件　　　　　　　　　　B. 主数据文件

    C. DELETE 语句　　　　　　　　　　D. 联机帮助文件

（3）下列选项不属于表的操作权限的是（　　　）。

    A. EXECUTE　　　　B. UPDATE　　　　C. SELECT　　　　D. DELETE

（4）用于数据库恢复的重要文件是（　　　）。

    A. 数据库文件　　　　B. 索引文件　　　　C. 日志文件　　　　D. 备注文件

（5）向用户授予操作权限的 SQL 语句是（　　　）。

    A. CTEATE　　　　B. REVOKE　　　　C. SELECT　　　　D. GRANT

（6）MySQL 的 GRANT 和 REVOKE 语句用来维护数据库的（　　　）。

　　A. 授予和回收　　　　　　　　　　B. 回收和授予

　　C. 创建和回收　　　　　　　　　　D. 授予和删除

（7）事务日志用来保存（　　　）。

　　A. 程序运行过程　　　　　　　　　B. 程序的执行结果

　　C. 对数据的更新操作　　　　　　　D. 数据操作

（8）数据库备份的作用是（　　　）。

　　A. 保障安全性　　　　　　　　　　B. 一致性控制

　　C. 故障后的恢复　　　　　　　　　D. 数据的转储

（9）下列 SQL 中,（　　　）不是数据定义语句。

　　A. CREATE TABLE　　　　　　　　B. CREATE VIEW

　　C. DROP VIEW　　　　　　　　　　D. GRANT

2. 填空题

（1）MySQL 中_____用户为超级用户,具有所有的权限,如创建用户、删除用户、管理用户等。

（2）_____语句可以对用户进行授权,使用_____语句可以查看当前用户拥有什么权限。

（3）在 MySQL 中,为了保证数据库的安全性,需要将用户不必要的权限收回。为了实现这种功能,MySQL 提供一个_____语句,该语句可以收回用户的权限。

（4）二进制日志包含了所有更新了的或已经潜在更新了的数据的所有语句。语句以_____的形式保存,它描述数据更改。

（5）在 MySQL 环境中,_____由作为一个单独单元的一个或多个 SQL 语句组成。这个单元中的每个 SQL 语句是互相依赖的,而且单元作为一个整体是不可分割的。

（6）_____是指一个事务正在访问数据,而其他事务正在更新该数据,但尚未提交。

（7）MySQL 各存储引擎主要使用 3 种类型（级别）的锁定机制:_____、_____和_____。

参 考 文 献

[1] 明日科技. MySQL 入门到精通[M]. 北京：北京大学出版社,2017.

[2] 传智播客高教产品研发部. MySQL 数据库入门[M]. 北京：北京大学出版社,2015.

[3] 西泽梦路. MySQL 基础教程[M]. 卢克贵,译. 北京：人民邮电出版社,2020.

[4] Ben Forta. MySQL 必知必会[M]. 刘晓霞,钟鸣,译. 北京：人民邮电出版社,2009.

[5] 周德伟. MySQL 数据库基础实例教程[M]. 北京：人民邮电出版社,2021.